Jetzt kostenloses Probeheft anfordern:
www.runnersworld.de/probelesen

Entdecken Sie die Natur! Mit Peter Wohlleben und dem Stellvertretenden Chefredakteur Rainer Harf

Liebe Leserinnen, liebe Leser!

Für uns Menschen beginnt nun der Höhepunkt der Saison in Garten und Natur. Die Tage sind lang, die Temperaturen hoch, und das Wetter ist oft sogar zu sonnig, weil Regen Mangelware ist.

Nass ist es trotzdem, und zwar unter Ihren Füßen. In der Tiefe des Untergrunds verbirgt sich eines der größten Ökosysteme der Welt. Es ist das Grundwasser, welches wir häufig nur mit Trinkwasser in Verbindung bringen. Dabei schlummern hier bis zu 50 Prozent der Biomasse dieses Planeten. Selbst in mehreren Kilometern Tiefe gibt es noch bizarres Leben, das auf Umwegen bis in Ihre Kaffeetasse gelangt.

Wenn Sie lieber oberirdisch unterwegs sind, können wir die Eifel empfehlen. Neben nur leise schlummernden Vulkanen bietet sich in Deutschlands wildem Westen eine dünn besiedelte Landschaft, die bisher abseits von Touristenströmen liegt. Einsame Wanderungen, saubere Luft sind ebenso im Programm wie Schwarzstorch oder Wildkatze.

Apropos wilde Tiere: Diese können Sie mittlerweile ebenso gut in der Großstadt beobachten. Begleiten Sie uns auf einen Streifzug durch die Straßen und Parks zu wilden Schweinen, Füchsen und Ottern, die heimlich durch die Siedlungen streifen, wenn der Mensch zur Ruhe kommt.

Viel Vergnügen, und bleiben Sie gesund!

Endlich Sommer: Zeit, die Natur in vollen Zügen zu genießen!

Weshalb viele Flüsse, Seen und Tümpel von Wasser gespeist werden, das tief aus dem Untergrund stammt *Seite 8*

Bis zu

100 000

Organismen finden sich in einem Milliliter Trinkwasser

Abenteuer auf vier Hufen: beim Pferdetrekking durch die Alpen *Seite 64*

Kaum jemand kennt sie, doch sie wachsen überall und sind höchst faszinierend: **Schleimpilze** *Seite 40*

Rund 90 Arten von Orchideen blühen in Deutschland. Wo findet man sie? *Seite 74*

Expertin für Wildkräuter: Maura Beusch kennt raffinierte Rezepte *Seite 30*

Murmeltiere sind hochsoziale Wesen und geben aufeinander acht *Seite 20*

Libellen erheben sich seit rund 300 Millionen Jahren in die Lüfte. Besondere ökologische Bedingungen führten einst dazu, dass die Flugkünstler größer als Tauben wurden – Seite 92.

Habichte in Hamburg, Bergmolche in München, Graureiher in Amsterdam, Leoparden in Mumbai, Flughunde in Sydney: Die tierische Natur ist auf dem Vormarsch ins Urbane – Seite 52.

Inhalt

Sommer 2020

Warum dieser hübsche Käfer einst als vielversprechende Biowaffe im Gespräch war
Seite 28

Eine von Millionen Tiernasen: der sensible Rüssel eines Schweins
Seite 102

Igel kommen bereits mit einem Stachelkleid zur Welt – doch zunächst sind sie noch verwundbar
Seite 82

Dort, wo Grundwasser an die Oberfläche tritt, entstehen oft Bäche, deren Weg durch Wald und Flur die Schwerkraft bestimmt

Der Schatz *aus der Tiefe*

Im Untergrund verbergen sich gigantische Mengen Wasser, das Bäche und Tümpel speist, Flüsse und Seen. Verblüffenderweise spendet es selbst in finsterer Tiefe reichlich Leben

Text: Peter Wohlleben

Manche Wasserwerke rufen Prämien für Waldbesitzer aus

Grundwasser ist der am meisten genutzte Rohstoff. Zwar sind sie Speicher gut gefüllt, doch je wärmer es wird, desto weniger steht zur Verfügung

Qualitätstester

Zahlreiche Kleinstlebewesen bevölkern das Ökosystem Wasser: darunter Amöben, winzige Krebse, Wasserflöhe und Algen

Woran man eine Quelle erkennt

In der freien Landschaft ist es manchmal schwierig, eine **echte Quelle** von Oberflächenwasser zu unterscheiden. Wenn Sie etwa nach starken Regenfällen einen Wald besuchen, so sprudelt an deutlich mehr Orten Wasser aus dem Boden als sonst. Im Sommer ist die Unterscheidung schwierig, im Winter bei Frost hingegen leicht. **Oberflächenwasser** gefriert dann nämlich, während Quellwasser weitersprudelt. Es ist ja nichts anderes als Grundwasser, welches durch eine Spalte an die Oberfläche tritt. Dieses echte **Tiefenwasser** bleibt immer wärmer als die kalte Winterluft und dadurch auch immer flüssig.

Pro Kopf verbrauchen wir
120
Liter Wasser täglich

Zuweilen tritt das nasse Gut – unterirdisch erhitzt – mit derart viel Druck an die Oberfläche, dass es wie hier als Fontäne emporschießt

Geschätzt über
4000
Seen gibt es in den Alpen

Dauerhaft können wir nur so viel Wasser nutzen, wie stetig neu hinzukommt!

Flüsse und Seen bilden nur einen winzigen Teil der Süßwasserreserven. Die überwiegende Menge befindet sich hierzulande unter der Oberfläche

Wer naturnahen Wald schützt, schützt auch das Grundwasser

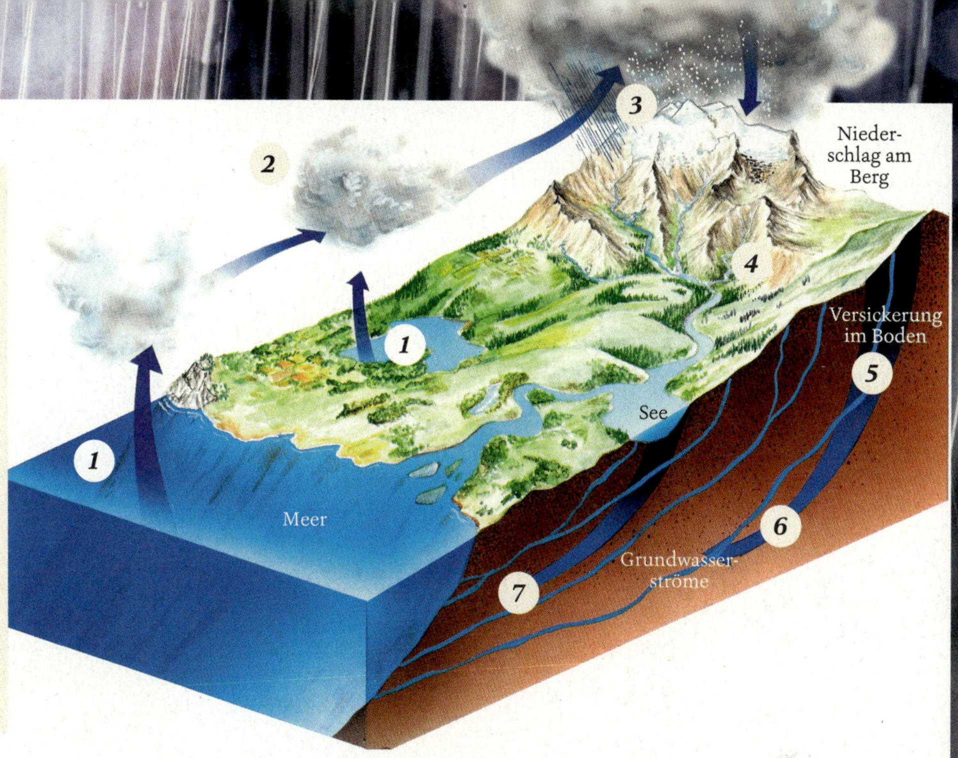

Beständiger Kreislauf

Wegen der Sonnenwärme verdunstet Wasser überwiegend aus Meeren und Seen (1). Die warmfeuchte Luft steigt auf, kühlt ab und kondensiert zu Wolken (2). Sammelt sich immer mehr feuchte Luft in den Wolken, entsteht etwa an Bergen Niederschlag (3). Ein Teil des Niederschlagswassers fließt in Flüssen und Bächen oberirdisch ab (4). Ein anderer Teil versickert (5), fließt unter der Oberfläche weiter und wird zu Grundwasser (6 + 7).

Unter unseren Füßen schlummert ein riesiges, kaum erforschtes Ökosystem: das Grundwasser.

Wir kennen es hauptsächlich in Zusammenhang mit der Trinkwassergewinnung, doch es ist zugleich ein überaus faszinierender Lebensraum mit ganz besonderen Bedingungen.

Da wäre zunächst die Dunkelheit. Kein Lichtstrahl dringt je hinein, weshalb es hier unten auch keine Pflanzen gibt. Fotosynthese funktioniert nicht, und damit fällt die Ernährungsgrundlage für Grünzeug weg. Ohne pflanzliche Nahrung kann jedoch kein tierisches Leben existieren – die zweite Schwierigkeit im Grundwasser. Und trotzdem wimmelt es von Leben, trotzdem gibt es reichlich Nahrung.

Ursache ist ein ständiger Strom von Humus und anderen Partikeln, die langsam mit dem Regenwasser in den Boden gelangen.

Das ist normalerweise relativ wenig, sonst wäre Grundwasser nicht so sauber. Trotzdem ist die Dichte an Kleinstlebewesen selbst in großer Tiefe noch atemberaubend. So finden sich 1000 Meter unter der Oberfläche noch mehr als eine Million Bakterien – pro Kubikzentimeter Boden. Diese Bakterien sind die Basis für die Nahrungskette. Sie werden von Amöben, größeren Einzellern, gefressen, diese wiederum von Ruderfußkrebsen, die dann ihrerseits im Magen von Höhlenflohkrebsen landen.

Selbst in acht kilometer Tiefe findet sich teils noch Wasser

Auf Askese ausgelegt

Das Räuber-Beute-Spektrum existiert also auch tief im Gestein, wenngleich die Arten viel kleiner sind. Zu den Giganten zählen Wasserasseln mit bis zu acht Millimeter Länge. Sie sind Allesfresser und verleiben sich von pflanzlichen Resten über Bakterienfilme bis hin zu toten Krebsen sämtliche Nahrung ein.

Weil in der Tiefe alles auf Askese ausgelegt ist, bedeutet das Ausbrin- ⇻

Trügerisches Idyll: Der großflächige Einsatz von Düngemittel belastet vielerorts das Grundwasser – und damit auch viele Flussgebiete

Wasserweg

In der Tiefe ist alles auf Askese ausgelegt – daher bedeutet zu viel Dünger eine Belastung

Es gibt keine unendlichen Ressourcen auf der Erde – das gilt in Zeiten des Klimawandels umso mehr für Süßwasser

Mehr als

300

Milliarden Liter Gülle produzieren Nutztiere im Jahr

Nutzung

Der Boden ist durch Land- und Viehwirtschaft vielerorts so verdichtet, dass Wasser nur schwerlich versickert

Diese winzigen Volvox-Algen leben etwa in sumpfigen Schichten – dort, wo der Boden von Wasser durchtränkt ist

Damals wie heute: Mehr als 70 Prozent des Trinkwassers werden hierzulande aus Grundwasser gewonnen

Verdichtet

gen von Gülle eine besondere Belastung. In diesen Mengen, wie wir es heute auf den Feldern sehen, können Pflanzen die Fäkalien nicht aufnehmen. So wird das Überangebot in den Untergrund geschwemmt und überfordert die dortigen Bewohner – ein Artensterben ist die Folge.

Umso wichtiger ist es, den Ökolandbau zu fördern, der auf diese Art und Weise gleich doppelt Lebensmittel produziert: ober- und unterirdisch.

Mehr Wärme im Boden

Typisch für Grundwasserbewohner ist das Fehlen von Augen – was sollte man hier unten auch sehen? Da macht es ebenso wenig Sinn, sich in Tarnfarben zu hüllen oder sich besonders auffällig zu machen. Entsprechend herrscht die Farbe Weiß vor, oder man ist gleich ganz durchsichtig.

Normalerweise ist das Grundwasser ein sehr beschaulicher Lebensraum. Änderungen gibt es von Natur aus nicht; die Temperatur liegt meist bei der Jahresdurchschnittstemperatur der Erdoberfläche, hierzulande zehn bis zwölf Grad Celsius, oder besser gesagt, sie lag dort.

Denn mit dem Klimawandel steigt nicht nur die Temperatur der Luft. Auch in tieferen Bodenschichten zeigt sich eine Erwärmung von aktuell mehr als einem Grad. Das klingt nicht viel, doch für Lebewesen, deren Umgebung sich normalerweise nie ändert, sind das schon Herausforderungen.

Allerdings können die Grundwasserarten auch sehr anpassungsfähig sein, wie ein Blick in eine Kaffeetasse beweist. Die meisten Menschen denken, dass Trinkwasser nahezu steril sei. Doch ein Tropfen unter dem Mikroskop zeigt, das ist es mitnichten: Da wimmelt es nur so von Leben.

Selbst in bestem Trinkwasser finden sich bis zu 100 000 Miroorganismen – pro Milliliter! Natürlich sind es meist die allerkleinsten, doch auch die ein oder andere Assel ist darunter.

Streng genommen sind unsere Wasserleitungen nichts anderes als eine Verlängerung des Grundwasser-Ökosystems bis in unsere Häuser hinein.

Auf der Innenseite der Rohre bilden sich Bakterienrasen, die wiederum von einer Vielzahl von Tieren abgeweidet werden. Drehen wir den Wasserhahn auf, kommt ein ganzer Teil von ihnen unfreiwillig ans Licht.

Keine Sorge, gesundheitsschädlich ist dieser Cocktail nicht, er erinnert uns vielmehr daran, dass es Leben an den unerwartetsten Orten gibt.

Von der Wasserassel bis zum Frosch: Die Nahrungsketten unter und über der Oberfläche hängen zusammen

Die Dichte an Kleinstlebewesen ist selbst in großer Tiefe überwältigend

Obwohl die unterirdische Biomasse von manchen Forschern als fast ebenso groß eingeschätzt wird wie die oberirdische, ist es doch das Lebensmittel Wasser, welches uns am meisten interessiert.

Wir pumpen es ständig in gigantischen Mengen herauf. Pro Kopf beträgt unser Verbrauch aktuell mehr als 120 Liter täglich. Rund 70 Prozent davon stammen aus dem Grundwasser.

Wenn ständig abgepumpt wird, braucht man Nachschub. Kostenfrei liefert den der Regen, wenn auch nicht gleichmäßig verteilt. Im Jahresmittel fallen in Deutschland 73 Liter pro Quadratmeter, mit dem Saarland als Spitzenreiter (98 Liter) und Sachsen-Anhalt als Schlusslicht (47,5 Liter). Der Regen landet jedoch nicht komplett im Untergrund.

Schauen wir uns dazu beispielhaft die Verhältnisse an, wie sie in meinem Revier in Wershofen (Eifel) herrschen. Die Niederschläge liegen hier mit 78 Litern pro Quadratmeter nur leicht »

Gerade im Sommer spielen Wälder eine entscheidende Rolle für die Neubildung von Grundwasser

Siedler aus dem Untergrund

Manche Forscher sehen im Grundwasser das größte Süßwasserbiotop der Erde. Dies sind einige seiner bizarr anmutenden Bewohner

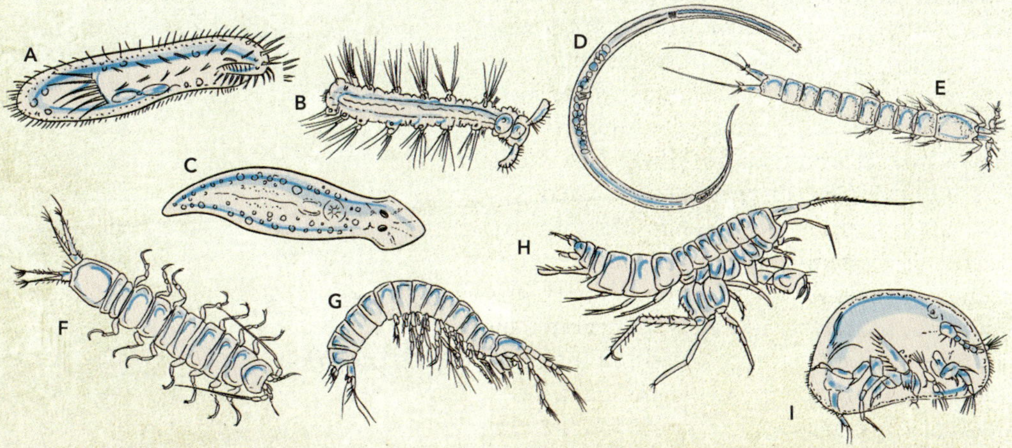

Obwohl unter der Oberfläche Finsternis herrscht und wenig Nährstoffe vorhanden sind, hat sich dort eine artenreiche Fauna entwickelt. So leben im Grundwasser neben zahllosen Mikroorganismen wie Bakterien etwa Wimpertierchen (A), Vielborster (B), Plattwürmer (C), Fadenwürmer (D), Ruderfußkrebse (E), Asseln (F), Brunnenkrebse (G), Flohkrebse (H), Muschelkrebse (I).

über dem Bundesdurchschnitt.

Zunächst bleibt ein beträchtlicher Teil in der Vegetation hängen, sprich auf den Blättern von Bäumen, Sträuchern, Gräsern. Die dichten Nadeln von Fichten und Kiefern halten 29 Liter zurück, die von hier aus gleich wieder verdunsten, ohne den Pflanzen oder dem Grundwasser genutzt zu haben.

Bei Laubbäumen sieht das schon anders aus: Hier sind es nur etwa 15 Liter, die in den Kronen hängen bleiben. Denn im Winterhalbjahr haben Laubbäume keine Blätter, so kann in dieser Zeit der Regen fast ungehindert zu Boden fallen.

Gras schneidet in dieser Hinsicht sogar noch besser ab; es hält nur rund acht Liter Niederschläge zurück.

Ein zweiter wichtiger Faktor ist die Nutzung des Bodenwassers durch Pflanzen. Sie zapfen mit ihren Wurzeln einen beträchtlichen Anteil ab, pumpen ihn in ihre Blätter und verdunsten ihn dort wieder. Auf diese Weise gelangen in unserem Beispiel knapp 30 Liter zurück in die Luft. Der Rest versickert langsam im Boden und füllt so das Grundwasser wieder auf. Je nach Vegetationsart sind dies 19 Liter (Nadelwald) bis 40 Liter (Gras).

So weit die Theorie. In der Praxis kommen eine Reihe weiterer Faktoren hinzu. Unsere Graslandschaften sind landwirtschaftlich genutzt und im Zuge dessen vollflächig mit Maschinen befahren worden. Der Untergrund ist dadurch verdichtet, Regenwasser dringt nur mühsam ein.

Bei starken Regenfällen läuft daher sehr viel Wasser auf der Oberfläche ab und in den nächsten Bach. Es ist damit für das Grundwasser verloren. In einem Wald mit ungeschädigtem Boden hingegen kann selbst bei Gewitter Wasser in das Erdreich einziehen.

Ein weiterer Faktor ist die Lufttemperatur. Je heißer es wird, desto mehr Wasser verdunstet aus dem Boden. Dieser Effekt, bekannt vom Haaretrocknen mit dem Föhn, nimmt durch den Klimawandel laufend zu.

Hier schneidet Wald eindeutig besser ab als Graslandschaft, weil er an heißen Sommertagen im Schnitt zehn Grad Celsius kühler ist als die Feldflur. Entsprechend besser hält sich hier das Bodenwasser, und das genau in einer Jahreszeit, in der für das Grundwasser kaum etwas vom Regen übrig bleibt. In Summe ist Wald für die Grundwasserneubildung so vorteilhaft, dass manche Waserwerke bereits Prämien für Waldbesitzer und hier vor allem für Laubwald zahlen.

Ohne Wasser kein Leben! Niederschläge sind nötig, damit die unterirdische Ressource nicht versiegt

Mancherorts sind die Reserven deutlich zurückgegangen

Trockenheit als Problem

Je wärmer es wird, desto weniger Grundwasser steht demnach zur Verfügung. Denken wir an Sachsen-Anhalt mit nur 47,5 Litern pro Jahr und Quadratmeter, so wird klar: Es wird schon jetzt eng. Die Wasservorräte in tieferen Bodenschichten haben sich hier im Gegensatz zu vielen anderen Gegenden Deutschlands bis heute nicht von den trockenen Sommern 2018 und 2019 erholt.

Ist unsere Trinkwasserversorgung gefährdet? Aktuell sicher nicht, aber die Ansicht von vor wenigen Jahren, diese Ressource wäre quasi unendlich, stimmt so auch nicht mehr.

Wir sollten sparsam mit diesem Lebensmittel umgehen und vor allem der Natur helfen, sich immer wieder zu regenerieren. Dabei hilft eine Erhöhung des Laubwaldanteils und ein besserer Umgang mit dem Boden, vor allem in Bezug auf die Verdichtung und die Düngung.

ANZEIGE

Die Beisetzungsstelle schmücken die FriedWald-Försterinnen und -Förster mit natürlichen Materialien direkt aus dem Wald

Blaue Bänder weisen auf Familien- und Freundschaftsbäume hin, die bis zu 20 Personen als Ruhestätte dienen können

Im Grünen zur Ruhe kommen

Im Wald fühlen wir uns der Natur besonders verbunden. Für alle, die dies über ihren Tod hinaus wünschen, bietet FriedWald Bestattungen unter Bäumen an

» Anspannung wird abgebaut, **die Stimmung hebt sich,** Sorgen werden kleiner «

DER WALD IST EIN ORT DER ERHOLUNG. Bei einem Spaziergang hört man das Rauschen der Bäume, riecht Erde und Moos, entdeckt im Grün Blumen und vielleicht sogar ein paar junge Eichhörnchen. Gerade in stressigen Zeiten macht sich die positive Wirkung dieser Umgebung bemerkbar: Anspannung wird abgebaut, die Stimmung hebt sich, Alltagssorgen werden kleiner. Im Wald findet man Ruhe – zu Lebzeiten, aber auch darüber hinaus.

Seit 2001 bietet FriedWald als erster Anbieter in Deutschland Bestattungen unter Bäumen in biologisch abbaubaren Urnen an. Damit schafft FriedWald eine Alternative zu konventionellen Friedhöfen – ganz im Einklang mit der Natur. Inzwischen gibt es rund 70 FriedWald-Standorte in ganz Deutschland. Wer Einblicke in den nächstgelegenen Wald bekommen möchte, kann unter www.friedwald.de einen virtuellen Rundgang machen und sich 360-Grad-Panoramafotos von den Andachtsplätzen und Grabarten anschauen. Zusätzliche Bilder des Waldes vermitteln einen Eindruck von der beruhigenden Atmosphäre jedes Standortes. Auf der Webseite erfahren Sie alles zum Konzept, haben die Möglichkeit, sich kostenloses Informationsmaterial zu bestellen, und können in wenigen Schritten eine Baumgrabstätte erwerben.

FriedWald schickt Ihnen kostenlose Broschüren mit allen Informationen zu

Fotos wie dieses vermitteln Eindrücke von den Wäldern. Sie können sie auf der Webseite als 360-Grad-Panoramabilder anschauen

Mehr Informationen unter: www.friedwald.de

FriedWald®
Die Bestattung in der Natur

Das Murmel -

-Team

Sie setzen auf die Kraft der Sippe und müssen besonders im Sommer gewissenhaft an ihrer Form arbeiten – für Murmeltiere heißt es nun: futtern, was in die Pfoten kommt

Text: Barbara Lich

Alpine Bande
Murmeltiere leben an Berghängen in bis zu 3000 Meter Höhe – und geben stets aufeinander Acht

Auf das Grünzeug, *fertig, los!* Endlich finden die *Nager* genügend Futter

Meister im Mampfen
Bis zu anderthalb Kilo Gräser und Kräuter vertilgen ausgewachsene Exemplare täglich – eine möglichst dicke Speckschicht für den Winter ist das Ziel

In Deckung
Bis zu 20 Stunden täglich verbringen sie geschützt im Bau

Hallo, du!
Um sich zu begrüßen, reiben die kleinen Säuger ihre Schnauzen aneinander – das lernt schon der Nachwuchs

Bestenfalls
6
Kilo bringen Männchen auf die Wage

Ausflug ins Grüne
Mit etwa sechs Wochen verlässt der Nachwuchs das erste Mal den Bau – dann heißt es: futtern für die Figur

Manche Tiere gibt es nur im Plural. Alpenmurmeltiere zum Beispiel. Auf Bergwiesen und Geröllfeldern leben die Nager das Großfamilienidyll: Bis zu 20 Tiere umfasst eine Sippe, angeführt von einem älteren Paar, das von seinen jüngeren Verwandten umwuselt wird. Singlehaushalte? Kennen sie nicht. Alpenmurmeltiere gehen gemeinsam durch dick und dünn, und zwar buchstäblich.

Eine gute Figur sichert ihnen in der rauen Gebirgswelt in bis zu 3000 Meter Höhe schließlich das Überleben. In Murmeltierkreisen heißt das: Sie müssen sich im Frühjahr und Sommer bestmöglich aufpolstern. Bis zu anderthalb Kilogramm Pflanzenwurzeln, später Gräser und Kräuter, dazu Früchte, Samen und Insekten schieben sich die Tiere täglich zwischen ihre vier lebenslang wachsenden Nagezähne. Ab April haben sie rund sechs Monate Zeit, an Masse zuzulegen und in Form zu kommen. Im besten Fall erreichen sie die Sechs-Kilogramm-Marke. Denn es gilt das Murmeltiermotto: Nach dem Winterschlaf ist vor dem Winterschlaf.

Dieser verschlankt die Bergbewohner drastisch: Gern mal ein Drittel ihrer Körpermasse verlieren Alpenmurmeltiere in der kalten Jahreszeit. Im Bau zehren sie etwa ab Oktober allein von ihren Fettreserven. Dazu drosseln sie den Herzschlag, atmen nur noch zwei-, dreimal pro Minute und senken die Körpertemperatur auf rund fünf Grad Celsius. Magen und Darm verkleinern sich um die Hälfte. Die Köpfe zwischen die Hinterbeine bugsiert, schlafen die Nager im Kollektivknäuel dem Frühjahr entgegen, die wenig winterharten Jungtiere in der Mitte platziert. Augen zu und durch.

Geschickte Baumeister

Tatsächlich zeigen sich die Hörnchen aber auch zu jeder anderen Jahreszeit häuslich: Die Mehrgenerationentunnel, die sie in sonniger Südhanglage oberhalb der Baumgrenze in den Berg graben, messen bisweilen um die 100 Meter. Bei Neu- oder Erweiterungsbauen lockern die Tiere das Erdreich zunächst mit den Nagezähnen auf und setzen dann ihre kräftigen Grabpfoten ein. So entsteht ein weit verzweigtes Netz aus Wohnröhren mit mehreren Kammern und Gängen, unterteilt in die Sommerresidenz, dicht unter der Erde, und das mit kiloweise Heu gepolsterte Winterquartier in bis zu sieben Meter Tiefe. Geschäftliches erledigt die Sippe in den eigens abgezweigten Sanitäreinrichtungen, den Klokammern. Ferner dienen diverse Fluchtröhren im Territorium als fressfeindsicheres Versteck, droht oberirdisch Gefahr.

Tiefenentspannt sind Alpenmurmeltiere tatsächlich einzig im Untergrund. Außerhalb ihres Baus wagen sie sich nur ungern weiter als 15 Meter von seinen Eingängen fort, fürchten sie doch, ein Steinadler könnte über ihrem Revier

Enge Verwandte

Gemeinsam mit anderen kleinen Nagern bilden Murmeltiere die Familie der Hörnchen

Präriehund
Lebt in komplexen Kolonien in trockenen Gebieten Nordamerikas

Eichhörnchen
Stets leicht am hochgestellten buschigen Schwanz zu erkennen

Ziesel
Trägt häufig Streifen oder Flecken, die Beine sind vergleichsweise kurz

Namensherkunft: Der kleine Säuger trug einst den lateinischen Namen *Mus montanus* – Bergmaus. Daraus wurde später das mittelhochdeutsche Wort *mürmendin* und daraus das Murmeltier.

Hitze stresst Murmeltiere, daher lassen sie sich am besten früh am Morgen oder spät am Nachmittag beobachten, in Höhenlagen ab 900 Metern. Zum Beispiel im Nationalpark Berchtesgadener Land.

Bis zu
20
Tiere umfasst eine Murmeltier-Sippe

Mutterliebe
Jungtiere suchen auch in fortgeschrittenem Alter noch die Nähe zur Mutter

Spielerische Balgerei
Als Halbstarker rauft man ständig miteinander, es wird munter gekniffen und geschubst

Hier geblieben!
Die Kleinsten sollten sich nie zu weit entfernen – wer ausbüxt, wird gepackt

Je besser sie sich *aufpolstern*, desto leichter kommen sie durch den Winter

WOHNSTUBE

Meister des Röhrenbaus

Einen Großteil ihrer Zeit verbringen Murmeltiere unter Tage. In ihrem tunnelartigen Bau können sie zwischen verschieden Kammern wählen – und auch für Hygiene ist gesorgt

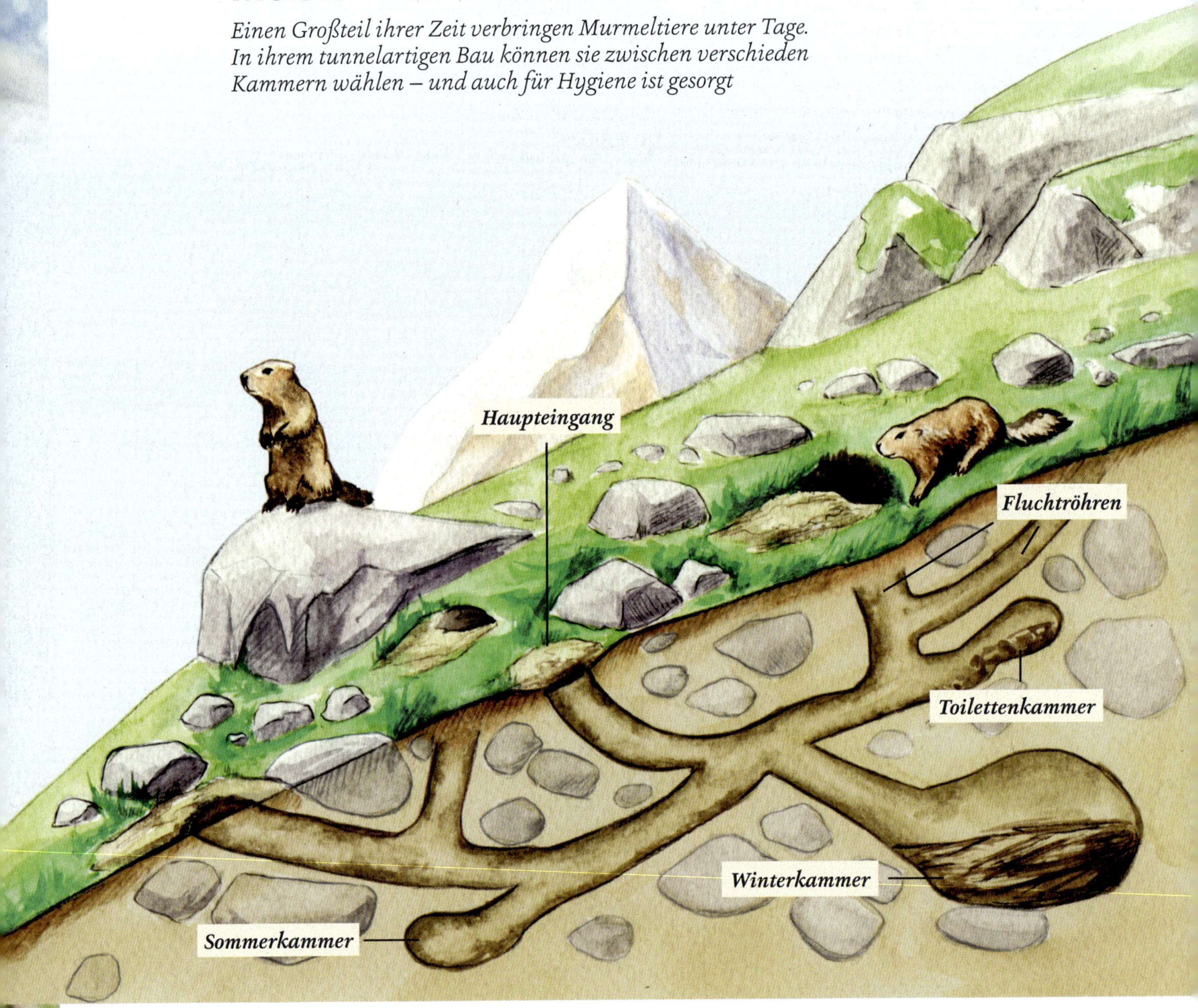

Die Großfamilie teilt sich ein verzweigtes System aus unterirdischen Kammern und Gängen, das die Tiere in den Berghang graben. Insgesamt können die Röhren mehr als 100 Meter lang werden! Der **Wohnbereich** ist in einen Sommerbau (dicht unter der Erde) und ein Winterquartier (bis zu sieben Meter tief) unterteilt. Außerdem haben die Nager zwei Abteilungen für brenzlige Situationen angelegt: **Fluchtröhren**, um sich vor Feinden zu verkriechen, und Toilettenröhren für das Murmeltier-Geschäft. Im Oktober verziehen sie sich in den **Winterbau** und schalten in den Energiesparmodus. Zusammengekuschelt zu einem großen Fellhaufen, wartet die Sippe dort auf die nächste Saison.

kreisen oder ein Fuchs sich heranpirschen. Ob im Frühsommer geworfener Nachwuchsnager oder ausgewachsenes Schwergewicht: Gerade den „Gebirgsjägern" aus der Luft fallen so einige Exemplare zum Opfer.

Deshalb bevorzugen Murmeltiere grundsätzlich den Stehimbiss. Stellen sie sich auf die Hinterbeine und recken ihre rund 50 Zentimeter in die Höhe, können sie das Alpenpanorama scannen. Dank ihrer guten Augen erspähen sie Eindringlinge wie Wanderer selbst in einigen Hundert Metern Entfernung. Fix stoßen sie dann kurze Warnschreie aus, die sie im Kehlkopf erzeugen. In unseren Ohren hören sich diese an wie Pfiffe.

Lassen sie hingegen einen langgezogenen Schrei durchs Revier gellen, signalisieren sie dem Clan, umgehend unter Tage zu verschwinden – der Fressfeind ist nah.

Gesundes Sonnenbad

Bis zu 20 Stunden am Tag verbringen Alpenmurmeltiere, wissenschaftlich *Marmota marmota*, unter der Erde, selbst oder gerade wenn die Sonne sommers am Himmel brennt. Dann nämlich wird es ihnen rasch zu warm unterm Pelz, der aus dichten Grannenhaaren und Unterwolle besteht und einmal im Jahr rundum erneuert wird.

Da Murmeltiere nur über wenige Schweißdrüsen verfügen, sind sie nicht in der Lage, ihre Körpertemperatur bei Hitze zu regulieren. Bisweilen aber nehmen sie doch ein Sonnenbad, aus Hygienegründen: Bäuchlings breiten sie sich meist morgens auf kühlendem Gestein aus und strecken alle viere von sich. So vermeiden sie, zu überhitzen, und nutzen die Sonnenstrahlen, um Parasiten aus ihrem Ganzkörperplüsch zu vertreiben. Zudem pflegen sich die Familienmitglieder auch gegenseitig das Fell, das sorgt für Harmonie in der Gruppe.

Doch so sozial die Tiere einer Sippschaft miteinander umgehen, so ablehnend reagieren sie auf revierfremde Artgenossen, die in ihr rund 2,5 Hektar großes Territorium vorstoßen. Dabei handelt es sich um abgewanderte, mindestens drei Jahre alte Jungtiere, die sich zwecks Familiengründung auf Partner- und Eigenheimsuche begeben haben.

Kein leichtes Unterfangen, denn die herrschenden Clans am Hang zeigen sich wenig tolerant. Wer sich um welchen Eindringling zu kümmern hat, ist familiär klar geregelt: Das ranghöchste Murmeltiermännchen, waidmännisch auch „Bär" genannt, vertreibt maskuline Artgenossen. Das ranghöchste Weibchen, die „Katze", übernimmt die femininen.

Die Oberhäupter sind für den Grenzschutz zuständig: Mit einem olfaktorisch intensiven Sekret markieren sie das gesamte Revier.

Allein zur Paarungszeit, direkt nach dem Winterschlaf, wird es manchmal auch innerhalb eines Clans ungemütlich. Während die Männchen ein paar Scheinkämpfe austragen, drangsaliert die Katze die rangniedrigeren Weibchen, um sie von der Paarung abzuhalten.

Gelingt dies nicht, setzt sie die Weibchen mit Rangeleien so unter Stress, dass deren Schwangerschaften zum Scheitern verurteilt sind. Denn die Nachwuchssicherung der Sippe ist allein die Aufgabe der Familienvorsteherin. Und da kann es offenbar, Plural hin oder her, dann doch nur eine geben.

Einst waren Murmeltiere auch im Flachland verbreitet. Doch als es nach der letzten Eiszeit immer wärmer wurde, schrumpfte der kühle Lebensraum und ist heute auf die Hochlagen der Gebirge beschränkt. Die Population nahm entsprechend ab; dabei verarmten ihre Erbanlagen durch Inzucht derart, dass Murmeltiere heute zu den Tierarten mit der geringsten Genvielfalt zählen.

Im Alter von

3

Jahren gründen Jungtiere ihre eigene Familie

Begehrte Beute: In Österreich und der Schweiz sind Alpenmurmeltiere Jagdwild. Teils wird das Fleisch gegessen. In der Volksmedizin werden aus dem Fett der Tiere auch Salben hergestellt.

Nachwuchs: Im Frühsommer bringt das ranghöchste Weibchen der Sippe zwei bis sieben nackte, blinde – und zahnlose – Junge zur Welt. Sechs Wochen wird der Nachwuchs im Bau gesäugt.

Weshalb ist der *Kartoffelkäfer* so gefürchtet?

Text: Sebastian Witte Illustration: Falk Nordmann

Der längsgestreifte Krabbler ist ein Meister der Heimsuchung: Dank einer besonderen Gabe kann er im Nu ganze Äcker kahlfressen. Daher war er einst gar als Biowaffe im Gespräch – und machte Karriere als Saboteur auf sechs Beinen

Er kann einem leidtun, der etwa einen Zentimeter große, mit zehn Längsstreifen gemusterte Kartoffelkäfer. Denn sein Erfolg hat ihn unbeliebt gemacht bei den Menschen, deren Äcker er kahlfrisst. Das gelingt ihm deshalb so vortrefflich, weil er über einen unfassbar feinen Geruchssinn verfügt. Mit seinen Riechantennen kann der Käfer den typischen Geruch eines Kartoffelackers – ein komplexes Duftstoffgemisch aus über 20 Substanzen – noch in kilometerweiter Entfernung erspüren.

Machen sich dann die ersten Krabbler über die Pflanzen her, verstärken die angebissenen Blätter die Duftwolke noch und locken Scharen weiterer hungrigier Käfer herbei. Missernten sind die Folge.

Für so effektive Vernichter hielt man die Winzlinge, dass einst sogar ihre Tauglichkeit als Biowaffe getestet wurde. So züchtete die deutsche Wehrmacht 1943 Kartoffelkäfer und warf 14000 Exemplare über der Pfalz ab, um zu überprüfen, ob sie den Fall aus 8000 Meter Höhe überstehen. Sie taten es. Zur Käfer-Attacke etwa gegen England kam es dann aber nicht.

Selbst noch während des Kalten Krieges hielten sich standhaft Gerüchte über solche Einsätze. Die DDR-Führung behauptete etwa, dass die USA Kartoffelkäfer von Flugzeugen abgeworfen hätten, um die sozialistische Landwirtschaft zu schädigen. Auf Plakaten warnte die DDR vor den sogenannten Ami-Käfern und beförderte die Sechsbeiner propagandawirksam zu „Saboteuren im amerikanischen Dienst".

Seither bleibt dem gefräßigen Sechsbeiner wenig erspart: Die Forschung bringt Insektizide auf Felder, erprobt natürliche Fressfeinde, forscht an gentechnisch veränderten Pflanzen.

Da wünscht man sich, er wäre seiner uspründlichen Nahrungsgrundlage – der Büffelklette – treu geblieben. Und hätte die Kartoffel nie entdeckt. ●

Bis zu
120
delikate Wildpflanzen gedeihen in Deutschland

Löwenzahn, Gänseblümchen und Knoblauchsrauke: Kaum jemand weiß, wie nützlich diese Pflanzen in der Küche sind, obwohl sie vor unserer Haustür sprießen

Wilde Küche

Wie schmeckt die Natur?

Wenn Maura Beusch von Spaziergängen zurückkehrt, bringt sie vielerlei Pflanzen mit – und bereitet daraus köstlichen Salat, Quiche oder Smoothies. Und besonders liebt sie es, ihr Wissen zu teilen

Text: Maura Beusch

Die Top Five der essbaren Wildkräuter

Giersch

Würzig, petersilig, möhrig: Giersch gibt tollen Salat her, passt in Auflauf, Brotaufstrich, Pesto. Blätter sammelt man von April bis Oktober

Vogelmiere

Von März bis November wächst sie schnell und üppig, wo der Boden feucht ist. Die Blätter bereichern jede Kräutermischung, Salate nicht weniger

Wiesenkerbel

Er ist oft auf nährstoffreichen Böden zu Hause und liefert zart-herbe Blätter, die etwa in Suppe oder Quark köstlich schmecken, möglichst zwischen April und Juli

Taubnessel

Feucht und schattig hat die Taubnessel es am liebsten. Geschmacklich sind Blüten und Blätter für Fortgeschrittene, eignen sich etwa für Salate und Smoothies

Knoblauchsrauke

Kleine Schwester von Bär- und Knoblauch wird sie genannt wegen ihres lauchigen, leicht bitteren und scharfen Geschmacks

Für den Eigenbedarf kann sich jeder in der Natur bedienen. Aber nicht immer ist leicht zu finden, was man sucht

W

Wer in der Natur nach Essbarem sucht, der braucht vor allem: seine Sinne. Am Anfang eines Wildkräuter-Kurses lade ich meine Gäste deshalb ein, Nase, Finger und Zunge zu benutzen: Ich lasse sie ertasten, ob ein Gewächs glatt oder pelzig ist, riechen, ob es süßlich oder stechend duftet, kosten, ob es würzig oder fad schmeckt. Denn mein wichtigster Rat ist: Es ist nützlich, vieles über Pflanzen zu wissen, ihren Aufbau, ihre Blattform, ihren Standort – aber viel schöner und oft bedeutsamer ist es, sie mit den Sinnen erkennen zu können.

Bei vielen essbaren Pflanzen ist das ganz einfach: Da ist zum Beispiel die Knoblauchsrauke. Ihre Blätter duften intensiv nach der aromatischen Knolle, die jeder aus der Küche kennt, unverwechselbar. Sie schmecken auch wie Knoblauch und eignen sich deshalb wunderbar, um etwa Pesto oder Kräuterbutter daraus zuzubereiten. Und das Beste: Die Rauke hinterlässt keinen üblen Mundgeruch.

Oder der Gundermann: Wer die Nase an dieses Kraut hält, denkt »→

Rund

12

Pflanzen kann jeder rasch und mühelos erkennen

Maura Beusch macht es vor: Essbare Pflanzen sollten nur abseits von Straßen gesammelt werden

Anfangs herb, doch später voller Aromen: Wildpflanzen eröffnen neue Geschmackserlebnisse

Löwenzahnsirup

400 g Löwenzahnblüten, 1 l Wasser, 3 Bio-Orangen oder Limetten (mit Schale!), 700 g Zucker, ggf. frische Kräuter beim Aufgießen mit Wasser

Blüten im April um die Mittagszeit sammeln. Blütenblätter abzupfen (nicht den grünen Teil der Blüte verwenden). Mit einem Liter Wasser, Zucker und Orangen kochen und über Nacht stehen lassen, sodass die Wirkstoffe durchziehen. Dann erneut aufkochen und noch heiß in Flaschen füllen

Es gibt rund

100 000

sekundäre Pflanzenstoffe

unweigerlich an einen frisch gemähten Rasen – und hält ein Gewächs in den Händen, das zum Beispiel Desserts eine betörende Minznote verleiht.

Wer sich auf die Suche nach solchen Pflanzen macht, wird in unseren heimischen Wiesen und Wäldern Dutzende finden. Doch auch wer sich nur mit einigen wenigen vertraut macht, erweitert seine Küche – und taucht zugleich viel tiefer in die Natur ein.

Ich selbst genieße es schon seit meiner Kindheit in der südlichen Eifel, die Welt der Blätter und Blüten zu erkunden. Mit Vorliebe habe ich damals eine „Kräutersuppe“ aus allen möglichen Pflanzen, Erde und Wasser zusammengerührt. Essen wollte die natürlich niemand. Aber meine Eltern haben mir die Begeisterung für die heimische

Löwenzahn

Erntezeit: *Frühjahr (Blätter), April bis Juni (Blüten)*

Vorkommen: *Auf Wiesen und Weiden*

Sein bitterer Geschmack fördert die Verdauung, die Blütenköpfe sind eine Delikatesse

Knoblauchersatz

Bärlauch

Erntezeit: *März bis Juni*
Vorkommen: *im Wald, auf feuchten Böden*

Blätter haben einen angenehm scharfen Geschmack, die Stängel sind vor der Blüte essbar

Bärlauchpesto

1 große Schüssel Bärlauchblätter, 4 Knoblauchzehen, 3 große Handvoll Sonnenblumenkerne, 8–10 Blätter Gundermann

Blätter abbrausen und gut abschütteln. Alles in einen Zerkleinerer geben, dann die Masse mit so viel Olivenöl vermischen, dass ein sämiges Pesto entsteht. Mit Salz, Pfeffer und Muskat abschmecken

Vorsicht: Bärlauch ist leicht mit Maiglöckchen zu verwechseln, die giftig sind

Ein besonderes »Kraut« ist die Fichte. Wenn man die saftige Borke abschält, ist darunter das klare Kambium. Diese Schicht lässt sich vom Holz abschaben. Der Geschmack erinnert an Möhren.

manche unserer heimischen Pflanzen ist ungenießbar oder sogar giftig. Doch mittlerweile gibt es überall in Deutschland ein vielfältiges Angebot von Seminaren und auch eine umfangreiche Literatur über essbare Wildpflanzen.

Zieht man los, gilt die „Handstrauß-Regel": Man darf so viel pflücken, wie man mit einer Hand gut halten kann (natürlich nicht in Natuschutzgebieten!).

Nicht erlaubt ist es, Wildpflanzen zu sammeln, um sie weiterzuverkaufen, etwa auf einem Wochenmarkt. Auch sollte man aus Liebe zur Natur nur sammeln, wo mehrere Exemplare einer Art stehen, und wenn möglich, immer nur einige Blätter oder Stiele nehmen, niemals das ganze Gewächs.

Von April bis Juni lässt sich die größte Vielfalt an schmackhaften Wildpflanzen finden, aber auch in anderen Monaten gibt es vieles zu entdecken, sogar noch spät im Jahr bis in den November.

Grüner Schatz vor der Haustür

Wenn ich all das in meinen Seminaren erkläre, dann ist es, als würde ich einen Stein ins Wasser werfen: Ich gebe einen Anstoß, und plötzlich gerät etwas in Bewegung, tragen Menschen die Begeisterung für die Pflanzenwelt immer weiter.

Einmal tauchte zu Beginn eines Kurses ein Herr auf, der zunächst wenig interessiert wirkte, ja skeptisch. Er war nur als Vertretung für eine andere Person eingesprungen. Doch ein Jahr später buchte er wieder ein Seminar – und brachte sechs weitere Teilnehmende mit.

Der grüne Schatz vor unserer Tür, so dachte ich mir, kann eben doch jeden begeistern.

Ein Kochbuch voller Überraschungen: Meret Bissegger bietet in ihrem Buch »Meine Pflanzenküche« (AT Verlag) auf 300 Seiten alles, was man zum Bestimmen, Sammeln und Kochen braucht.

Maura Beuschs Bücher-Tipp: Der Band »Essbare Wildpflanzen« von Steffen Guido Fleischhauer u. a. (AT Verlag) macht es auch Laien leicht, die Gewächse zu erkennen und zuverlässig zu bestimmen.

Vitaminreich

Gundermann

Erntezeit: *ganzjährig (Blätter), April bis Juni (Blüten)*

Vorkommen: *sehr unterschiedlich*

Aromatische Blättchen, aber auch die Blüten sind geschmacklich fein

Etwa

130

Milligramm Vitamin C sind in 100g Scharbockskraut-Blättern

und Scharbockskraut, Löwenzahn, Gänseblümchen oder Sauerampfer.

Nicht selten meldet ein Teilnehmender einen Fund so triumphierend, als hätte er einen Schatz entdeckt. So falsch ist das gar nicht: Wilde Pflanzen können nicht nur gut schmecken, oft beschenken sie uns auch mit wertvollen Nährstoffen.

Die Vogelmiere zum Beispiel ist reich an Mineralstoffen, das Scharbockskraut enthält viel Vitamin C (allerdings ist es nur vor der Blüte genießbar). Wer zudem heilsame Substanzen finden möchte, dem bieten Pflanzen eine wahre Apotheke. So groß, dass sich daraus die ganze Naturheilmedizin speist.

In meinen Kursen konzentriere ich mich jedoch zunächst auf Pflanzen für die Küche, das genügt den meisten Anfängern vollauf. Wenn alle Teilnehmenden einige Hände voll Grün gesammelt haben, geht es zurück ins Seminarhaus. Dort sortieren wir die Beute, betrachten sie noch einmal – und dann geht's los mit Kochen: Ich zeige, wie sich aus den Blättern der Brennnessel köstliche Chips in der Pfanne herstellen lassen, mache aus Giersch herzhafte Waffeln oder aus Löwenzahn einen stärkenden Smoothie.

Natur und Kochen verschmelzen

Klar, manches Mal verzieht einer etwas das Gesicht, sagt etwa, „das schmeckt ja wie Gras". Denn im Vergleich zu Gemüse aus dem Supermarkt können Wildkräuter zunächst ungewohnt schmecken. Aber hat man sich erst einmal an die etwas fremdartigen Bitterstoffe gewöhnt, kann die Zunge ganz neue Aromen entdecken.

Außerdem geht es bei der Kräuterküche ja nicht darum, sich eine völlig neue Art zu Kochen anzueignen, womöglich einen neuen Geschmack. Nein, es geht darum, hie und da etwas Neues auszuprobieren und zu erforschen, wie Naturerlebnis und Kochen miteinander verschmelzen können.

Natürlich sollte man nicht einfach drauflos sammeln. Denn »→

Gundermann-Frischkäse-Bällchen

2–3 Handvoll Gundermann,
2–3 Handvoll Frischkäse (Formaggini; ca. 200 g),
1 Prise Kräutermeersalz,
1–2 EL Olivenöl

Blüten und Blätter separat abzupfen, die Blätter fein hacken. Alles andere mit einer Gabel mischen, die Blätter dazugeben und nochmals gut vermischen. Kleine Bällchen formen und in den Blüten wenden. Kühl aufbewahren. Das Aroma kann dann intensiver werden

In ihren Kursen führt Maura Beusch vor, wie einfach sich manche Pflanzen in Leckereien verwandeln lassen: Die Blätter der Brennnessel etwa werden in der Pfanne zu Chips

Brennnessel

Erntezeit: *ganzjährig*
Vorkommen: *Auf Brachland, am Feld- und Waldrand*

Gepflückt werden die Spitzen der Triebe mit zwei bis vier Paar Blättern, dann gekocht

Brandgefahr

Brennnessel-Apfel-Törtchen

Mürbeteig für 4 bis 6 Törtchen.
Für die Füllung:
50 g gemahlene Mandeln,
200 g Brennnesselspitzen,
3 Eier, 300 ml Rahm,
5 EL Birnendicksaft,
1 Messerspitze Vanillepulver, 1 Apfel

Brennnesselspitzen in einem Topf mit ganz wenig Wasser 6 Minuten zusammenfallen lassen. Auskühlen lassen und fein hacken. Teig in Förmchen verteilen, mit Mandeln ausstreuen. Übrige Zutaten zu einem Guss verrühren. 1 Apfel, gewürfelt, mit den Brennnesseln zum Guss geben. Die Masse in die Formen füllen und im Ofen bei 180 Grad (wenn möglich nur Unterhitze) 30–40 Minuten backen

Giersch-Röllchen

Für 10 Röllchen: 1 Handvoll Giersch, 500 g Feta, 100 ml Milch, 10 Blätter Yufka-Teig, 2–3 EL Öl

Blätter waschen, fein schneiden. Feta zerbröseln, 1/3 mit Milch glatt rühren, restlichen Feta und Giersch untermischen. Yufka-Blätter auf die Arbeitsfläche legen, je 2 TL Feta-Mischung auf den unteren Blatthälften verteilen, Rand frei lassen. Blätter etwas einrollen, die Seiten darüberklappen, Teigenden anfeuchten, alles fest einrollen. Öl in einer Pfanne erhitzen, Rollen rundum knusprig braten

Giersch

Erntezeit: *März bis Oktober*

Vorkommen: *in Gärten, an Hecken und Büschen*

Zählt zu den nahrhaftesten Wildpflanzen, verwendet werden junge Blätter samt Blattstiel

Natur vorgelebt und gezeigt, wie schön es ist, sich wenigstens zum Teil selbst versorgen zu können.

Altes Wissen wieder beleben

Heute gehe ich mindestens alle zwei Tage ins Grüne, um wilde Kräuter zu sammeln. Ich bereite daraus etwa Quiche, Salat oder Smoothies. Besonders genieße ich es allerdings, andere mit meiner Begeisterung anzustecken: Es ist großartig zu sehen, wie jemand zum ersten Mal eine Kleeblüte kostet und staunt, wie süß sie ist!

Nach meinem Studium der Ökologischen Agrarwissenschaften habe ich mich zur Naturpädagogin ausbilden lassen. Dabei habe ich gelernt, mit welchen Methoden man Menschen spielerisch und unterhaltsam an unsere grüne Umgebung heranführen kann.

Denn die meisten, die meine Kurse an „Wohllebens Waldakademie“ besuchen, haben sich zuvor nie mit essbaren Pflanzen beschäftigt. Sie haben davon gehört, erinnern sich vielleicht, dass ihre Großmutter hinaus verschwunden ist und mit Grünem zurückkam. Doch all dieses Wissen scheint heute weitgehend verloren.

Und so stehe ich regelmäßig mit rund zehn Erwachsenen in der Natur der Eifel und beobachte sie, wie sie sich auf die Suche machen: Manche zögerlich, andere mit kindlicher, diebischer Freude.

Sie schwärmen aus, um jenes gut halbe Dutzend Gewächse zu entdecken, das ich ihnen zuvor im Seminarraum vorgestellt habe: Knochblauchsrauke und Gundermann natürlich, aber auch Brennnessel und Giersch, Vogelmiere ➻

Wildpflanzen bereichern die Küche nicht nur geschmacklich. Sie enthalten auch viele gesunde Stoffe

Prall gefüllt

An Christbaumkugeln erinnern die Fruchtkörper von *Comatricha nigra*. In ihnen reifen Tausende Sporen heran, mit denen sich der auf Totholz lebende Schleimpilz ausbreitet

Schleimige Schönheiten

In Wäldern, auf Wiesen, in Blumentöpfen leben wundersame Wesen, die nicht von dieser Welt zu sein scheinen: winzig, atemberaubend schön – und intelligent, obwohl sie kein Gehirn besitzen

Text: Katharina von Ruschkowski **Fotos:** *Heinz Spath*

Vielfalt

Oft lassen sich Schleimpilze erst dann voneinander unterscheiden, wenn sie ihre arttypischen Fruchtkörper ausbilden: Die von *Arcyria denudata* etwa muten wie winzige Flaschenreiniger an

Bis vor Kurzem waren es vor allem wissenschaftliche Laien, die Schleimpilze entdeckt und zu enträtseln versucht haben

Stößt ein Schleimer mit Ausläufern seines Leibes auf Essbares, eine Bakterienkolonie etwa, wälzt er sich unaufhaltsam in diese Richtung

Ausbreitung

Violett schillern die Fruchtkörper des Schleimers *Lamproderma violaceum*. Sobald die Haut der filigranen Kügelchen aufplatzt, verbreiten sich die darin gereiften Sporen mit dem Wind

Zur Fortbewegung nutzt der schlaue Kriecher adergleiche Strukturen, die wie Muskeln funktionieren

Karl-Heinz Baumanns erste Begegnung mit den Aliens aus dem Wald war „nichts als Zufall", erzählt er, fast vier Jahrzehnte sei das nun her. Er hatte ein von Pilzen überwuchertes Stück Baumrinde mit nach Hause genommen, um ihr Werden und Vergehen mit der Zeitrafferkamera festzuhalten. Als er die Aufnahmen später kontrollierte, traute er seinen Augen kaum: Orangefarbene Kleckse auf den Pilzhüten, die er zuvor kaum wahrgenommen hatte, waren über Nacht zu aufgestielten Christbaumkügelchen in metallisch glänzenden Blau- und Grüntönen zusammengeschnurrt.

Eine faszinierende Welt

Baumann fand nur mit Mühe heraus, worum es sich handelte: Schleimpilze der Art *Physarum psittacinum*. Aber er wusste auch: Das ist mein Gebiet. „Nie hatte ich ein solches Wunder in der Natur erlebt, niemals solche Farben und Formen gesehen."

Bis vor Kurzem waren es vor allem leidenschaftliche Laien wie der Reutlinger Naturfilmer Karl-Heinz Baumann, heute 81 Jahre alt, die Schleimpilze, in Fachsprache „Myxomyzeten" genannt, entdeckt und enträtselt haben – die wohl merkwürdigsten Wesen, die die Evolution hervorgebracht hat. Etwa 1000 Spezies weltweit sind bisher bekannt und benannt, rund 400 davon existieren in Deutschland und in den Alpen.

Naturkundler vergangener Jahrhunderte meinten, diese sonderbaren Lebensformen kämen wohl den Pilzen am nächsten; darum der Name. Andere ordneten sie dem Tierreich zu. Welche Art von Wesen Schleimpilze sind, hat letztlich erst die jüngere Genforschung beantwortet. Ihr folgend sind Myxomyzeten so eigen und anders, dass sie im Stammbaum des Lebens einen separaten Zweig bilden.

Dass sie den allermeisten Menschen fremd sind, ist nicht verwunderlich: Die meiste Zeit verbringen Schleimpilze als tausendstelmillimeterkleine Sporen und anschließend als Wesen, die sich kriechend oder mit Geißelschlag im Untergrund bewegen, vor allem im Waldboden, in Laubstreu- oder Totholzhaufen. Ans Tageslicht drängen sie nur in ihren Wachstumsphasen und bilden dann grellfarbene, klebrige Kleckse, die Waldspaziergänger oft als Erbrochenes von Tieren fehldeuten.

Dabei handelt es sich um faszinierende Organismen, die – obwohl sie über keine Sinnes- und Steuerungsorgane verfügen – »→

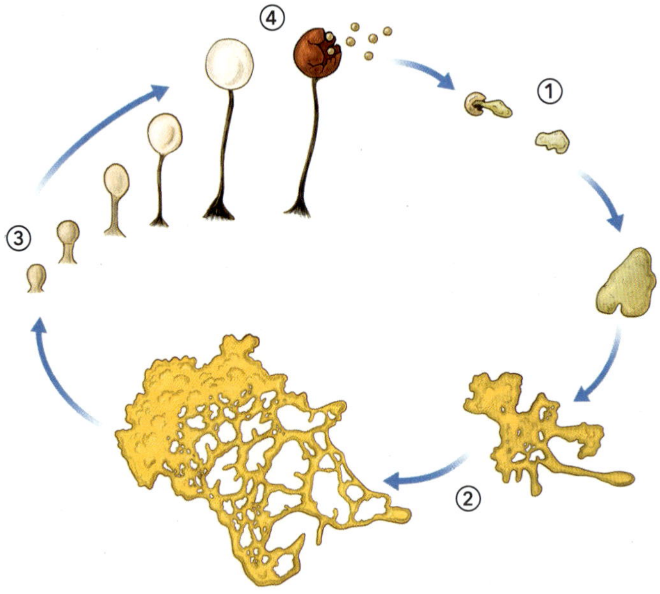

Fällt die Spore eines Schleimpilzes auf geeigneten Boden, keimt sie (1). Der Schleimpilz wächst heran (2). Schließlich bildet er Fruchtkörper aus (3), in denen Sporen reifen (4): die nächste Generation

Auf der Webseite panoptikum.net/naturfotos-schleimpilze/ lassen sich noch mehr der faszinierenden und hochästhetischen Schleimpilz-Fotografien von Heinz Spath bestaunen.

Experimente zeigen, dass Schleimpilze sogar in der Lage sind zu lernen: Legten Forscher Futter hinter ein Hindernis, »begriffen« die Wesen, dass es ungefährlich ist, die Hürde zu überwinden.

Die Moospflänzchen machen deutlich, wie klein die kugeligen Fruchtkörper sind

Mikrokosmos

In Deutschland sind 400 Spezies von Schleimpilzen bekannt, die zum Beispiel im toten Holz oder in der Laubstreu von Wäldern leben. Oft sind sie so klein, dass sie uns kaum auffallen

Viele Schleimpilze bilden sich ständig verändernde netzartige Strukturen aus, mit denen sie im Zeitlupentempo etwa über Baumrinde oder durch den Waldboden kriechen können

Bei Reife färben sich die rötlichen Fruchtkörper von *Tubifera ferruginosa* grau-bräunlich

Vom Reichtum der Arten

Wer sich mit Schleimpilzen beschäftigt, dem eröffnet sich eine faszinierende Welt voller zauberhafter Formen und Farben

Rund 1000 Spezies von Schleimpilzen haben Biologen bislang entdeckt. Die teils mikroskopisch kleinen Wesen, deren Urahnen vermutlich bereits vor einer Milliarde Jahren entstanden sind, finden sich in den unterschiedlichsten Lebensräumen. Sie gedeihen in Wäldern ebenso wie im Gebirge, in Sandwüsten ebenso wie auf Schneefeldern. Ihre enorme Vielfalt lässt sich anhand der Fruchtkörper erkennen: Einige ähneln Miniaturpilzen, verzweigten Korallen oder irisierenden Lampenschirmchen.

13

Millionen Tonnen Essensreste landen jährlich in Deutschland im Müll – das lockt wilde Tiere in die Städte

Mit Einbruch der Dämmerung beginnt der Auftritt der wilden Tiere. Ein Fuchs huscht schattenhaft aus dem Dunkel der Bäume. Wenig später tänzeln zwei Waschbären vorbei, bleiben kurz stehen, tasten mit ihren kleinen Händchen den Untergrund ab, trotten weiter. Plötzlich poltert es – ein Wildschwein ist aus der Finsternis gestakst und hat etwas umgestoßen. Eine Mülltonne. Diese Szene spielt nicht auf einer nächtlichen Lichtung im Wald, sondern auf einem von Baumgruppen umstandenen Parkplatz. In Berlin. Und sie ist keine Seltenheit.

Denn in der Hauptstadt fühlen sich immer mehr Wildtiere wohl. Schätzungen zufolge leben hier mindestens 800 Waschbären, 1800 Füchse, 2000 Marder, 3000 Kaninchen und 5000 Wildschweine. Am Ufer des Teltowkanals, der im Süden die Metropole durchquert, haben Biber ihre Burgen errichtet. In Berlin-Mitte gehen Wanderfalken auf Taubenjagd, ein Brutpaar der Raubvögel nistet im Roten Rathaus. Und im Hof einer Charlottenburger Wohnanlage hat sich ein Uhu angesiedelt.

Berlin ist nur eine von vielen Städten in Deutschland, ja weltweit, die für Tierfreunde zum überraschenden Naturerlebnis werden können. Ob Habichte in Hamburg, Bergmolche und Laubfrösche in München, zahme Graureiher in Amsterdam, streunende Leoparden in Mumbai, Scharen lärmender Flughunde im Hyde Park von Sydney: Die Natur ist auf dem Vormarsch ins Urbane. Tiere tauschen Felder und Wälder, Wiesen und Weite gegen Beton, Asphalt und menschliche Nachbarschaft.

Dass Vögel und Vierbeiner unsere Nähe suchen, ist im Grunde kein neues Phänomen. Schon immer sind Tiere dem Menschen in seine Siedlungen gefolgt, haben sich dort gewissermaßen häuslich eingerichtet. Zu den Altbekannten und höchst Erfolgreichen dieser „Kulturfolger“ gehören Hausmäuse und Hausratten, Stadttauben und natürlich kleines Getier wie Bettwanzen, Stubenfliegen und Küchenschaben.

In dem Maße, wie Städte weltweit gewachsen und komplexer geworden sind, bieten sie auch mehr Möglichkeiten für Tiere. Auf der einen Seite fressen sich die urbanen Zentren ins Umland, rauben der Natur Raum, auf der anderen Seite eröffnen mehr Häuser und Parks auch ein Plus an Nischen, Unterschlupfen, Nistplätzen. Die Stadt, ein gigantisches Kunstfelsmassiv aus Milliarden Tonnen Stein und Stahl. Ein Zoo ohne Zaun.

Ein Massiv aus Kunstfels

Neben der behaglichen Wärme und der Tatsache, dass es in Städten schlicht friedlicher zugeht als im Umland (schließlich laufen dort weit weniger Jäger rum), lockt die Tiere vor allem eines ins Menschenland: Futter!

Gerade heutzutage, in Zeiten des Überflusses, wo Unmengen an Nahrhaftem buchstäblich auf dem Müll landen, freuen sich findige Tiere über einen reich gedeckten Tisch. In Deutschland enden Jahr für Jahr 13 Millionen Tonnen Essensreste im Abfall. Allein in Privathaushalten schmeißen Men- »

Rekord: Nirgendwo in Deutschland leben mehr Waschbären als in Kassel, was der Stadt den Namen »Waschbärenhauptstadt« eingetragen hat. Auf 100 Hektar tummeln sich dort 100 Tiere.

Um Stadtgeräusche zu übertönen, trällern Singvögel wie etwa die Nachtigall bis zu 14 Dezibel lauter als in freier Natur. Es wurden schon Werte von 90 Dezibel gemessen – laut wie eine Kreissäge.

Lufträuber
In alten Scheunen finden Schleiereulen Zuflucht. In der Dunkelheit gehen sie auf Jagd nach Mäusen

Heimlicher Besuch
Mit Fotofallen haben Wissenschaftler festgestellt, dass auch Dachse zunehmend menschliche Siedlungen aufsuchen. Die Marder sind überwiegend in der Dämmerung und nachts auf den Beinen

165
Arten von Brutvögeln leben allein in Berlin, darunter Habicht und Sperber, Grauammer und Mittelspecht

Guter Ausblick
In Metropolen wie New York oder Berlin nisten mehr und mehr Wanderfalken: Die Räuber machen Jagd auf Tauben

Festschmaus
Dieser Otter in Singapur hat einen fetten Fang gemacht. Da es immer weniger natürliche Flussläufe gibt, dringen die Säuger in Stadtgewässer vor

Bock auf Stadt

Selbst Rehe zieht es zuweilen ins Städtische. Ein Grund, das Umland zu verlassen: Hier droht weniger Gefahr, schließlich gibt es nicht so viele Jäger wie in Wald und Flur

Immer auf der Suche

Waschbären stöbern überall nach Leckereien. Schon die Kleinen wühlen etwa in Blumentöpfen mit ihren empfindsamen Pfötchen nach Snacks wie Insekten oder Schnecken

50

Prozent der in Bayern heimischen Amphibienarten kommen, wie Biologen nachgewiesen haben, auch in München vor

Hauptsache, nass!

Besonders in Städten, die Teichanlagen bieten, fühlen sich Amphibien wohl. Denn Molche, Kröten und Frösche brauchen das Nass – unter anderem, weil sie ihre Eier ins Wasser legen

Die neuen Stadtbewohner

Füchse und Waschbären, Wildschweine und Biber, Wanderfalken und Marder: Immer mehr Tiere kommen in die Städte. Was lockt sie in unsere Nachbarschaft?

Text: Rainer Harf

Streuner

Füchse sind schlaue Allesfresser, die in Städten allerhand Nahrhaftes finden: zum Beispiel Essensreste, die wir auf den Müll werfen

Mehr als

1800

Füchse leben allein in Berlin

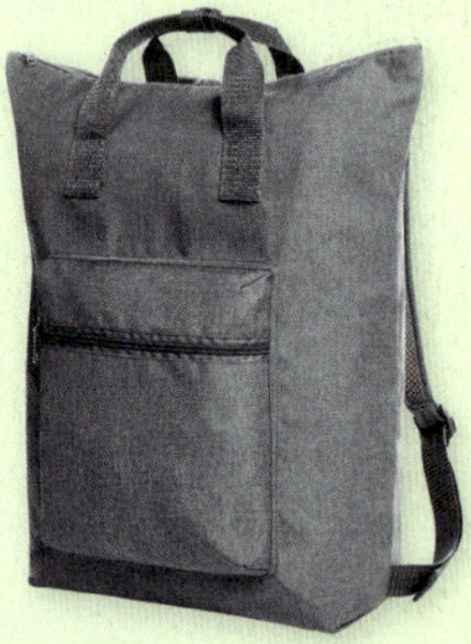

4 Wetterstation „Shiny Day"

- Das Wetter auf einen Blick
- Mit Thermometer, Alarmfunktion und beleuchteter LCD-Anzeige
- Maße: ca. 13 × 13 × 2 cm

Zuzahlung: nur 1,- €

5 Multibag „Sky"

- Moderner Rucksackshopper mit Tragegriff
- Hauptfach mit Reißverschluss
- Maße: ca. 41 × 43 × 13 cm

Zuzahlung: nur 1,- €

Ihre Vorteile im Abo

- 4 Ausgaben im Jahr für nur 26,- €*
- Portofreie Lieferung zu Ihnen nach Hause
- Anschließend jederzeit kündbar
- Besonderes Extra für Studenten: 40 % Rabatt
- **Tipp: auch zum Verschenken**

eUpgrade: Wohllebens Welt für unterwegs als ePaper – nur 4,- € zusätzlich im Jahr: geo.de/wohlleben-digital

+49 (0) 40 / 55 55 89 90

Bitte Bestell-Nr. angeben: selbst lesen **184 4166** / verschenken **184 4167** / als Student lesen (mit 40 % Rabatt, ohne Prämie) **184 4168**

Anbieter des Abonnements ist Gruner + Jahr GmbH. Belieferung, Betreuung und Abrechnung erfolgen durch DPV Deutscher Pressevertrieb GmbH als leistenden Unternehmer.

Immer mehr Forscher erhoffen sich Erkenntnisgewinne durch die Schleimer – nicht obwohl, sondern gerade weil sie so anders sind

ihre Umgebung wahrnehmen und sich gezielt darin bewegen. Stößt ein Schleimer mit Ausläufern seines Leibes auf Essbares, eine Bakterienkolonie etwa oder einen Pilz, wälzt er sich unaufhaltsam in diese Richtung. Mehr noch: In Experimenten finden die Kreaturen die kürzeste Route zu verschiedenen Futterquellen und wissen zielgerichtet Hindernisse zu überwinden, hinter denen sich Nahrhaftes verbirgt. Derart smartes Verhalten erwartet man nicht von Wesen, die weder Gehirn noch Nerven besitzen.

Und so kommt es, dass Myxomyzeten inzwischen auch in Institute und Universtäten eingezogen sind. Immer mehr Forscher erhoffen sich Erkenntnisgewinne durch die Schleimer – nicht obwohl, sondern gerade weil sie so anders sind. Nicht trotz, sondern eben wegen ihrer simplen Struktur, mit deren Hilfe sich komplexes Verhalten studieren lässt.

Zur Fortbewegung nutzt der schlaue Kriecher adergleiche Strukturen in seinem Inneren, die wie Muskeln funktionieren. Rhythmisch ziehen sie sich zusammen und entspannen sich; so pumpen sie Zellflüssigkeit hin und her, doch immer etwas mehr in die angestrebte Richtung: Der Schleimpilz schiebt sich voran – gut einen Zentimeter pro Stunde.

In Zeitrafferaufnahmen, die Karl-Heinz Baumann gefilmt hat, lassen sich die Myxomyzeten auf ihrem Beutezug beobachten: wie sie als wabernde Gestalten Pilze attackieren, weitaus größer als sie selbst, wie sie diese umfließen, zu Fall bringen und sich einverleiben; enzymhaltige Blasen übernehmen die Zersetzung. Und wüsste man nicht um die vielfache Vergrößerung, es könnte einem angst und bange werden beim Anblick der hungrigen Monster.

In Starre verfallen

Nur in Perioden anhaltender Trockenheit ist alles anders. Dann fährt der Schleimpilz seine Pulsrate herunter und verfällt in eine Art Trockenstarre. Über Jahre kann er nun als hornartiges „Sklerotium“ verharren. Meist aber währt diese Auszeit vom Leben nur bis zum nächsten kräftigen Regenguss. Dann saugen sich die Myxomyzeten voll und setzen ihre Wanderschaft fort.

Mithilfe von Fotorezeptoren, die bestimmte Wellenlängen im Lichtspektrum ausmachen können, finden junge Exemplare ins Erdreich und ältere wieder ins Freie.

Dort widmen sie sich der Fortpflanzung: dem Finale ihrer Verwandlungskunst. Am hellsten und damit oft auch höchsten Punkt mutieren die eben noch gefräßigen Gebilde zu filigranen Fruchtkörpern. In deren Innerem: Millionen Sporen.

Mögen sich die Schleimpilze in ihrer Wachstumsphase noch zum Verwechseln ähnlich sein; durch ihre so formschönen und schillernden Fruchtkörper offenbaren sie nun ihre Art: *Arcyria affinis* verwandelt sich zu himbeerfarbenen Keulchen, *Diderma lyalli* modelliert Haselnüsschen, *Stemonitis fusca* verschmilzt zu Büscheln aus winzigen Wunderkerzen, Fuligo-Arten werden zu flachen Polstern mit spiralförmigen Strukturen im Inneren, die ihre Sporen hinausschleudern.

Der Wind, aber auch Regen und hungrige Tiere werden sie verbreiten. Dank robuster Zellwände sind manche Myxomyzeten ein Menschenleben lang keimfähig: bis zu 75 Jahre lang. Das bedeutet, dass aus Sporen, die seit Ende des Zweiten Weltkriegs im Erdreich ruhen, noch heute neue Schleimpilze entstehen könnten.

Karl-Heinz Baumann weiß nicht genau, wie viele solcher Verwandlungen er schon abgelichtet hat. In seiner Wohnung finden sich rund 7000 Plastikschächtelchen und Petrischalen, gefüllt mit Schleimpilzen aus allen Erdteilen. Noch immer fährt er nie ohne Sammelbox in den Urlaub oder auf Filmtour, schleppt Erdklumpen oder bekleckste Baumrinde in sein Studio.

„Es ist wie eine Sucht“, erklärt Baumann, „du kannst nicht genug über sie erfahren.“

Forscher erhoffen sich, durch die Erforschung mancher Schleimpilze den Übergang vom Ein- zum Vielzeller zu verstehen. Und damit ein wichtiges Kapitel unserer Evolutionsgeschichte.

Ernst Haeckel, der berühmte Zoologe und Zeichner, porträtierte schon 1866 verschiedene Schleimpilze und schuf für sie das »Reich der Protisten«, neben den Reichen der Tiere und Pflanzen.

Guck guck

Seit einigen Jahren staksen zahme Graureiher durch die Innenstadt von Amsterdam. Manche warten darauf, dass ihnen Passanten einen Fisch zuwerfen

Futter?

In Parkanlagen fühlen sich Hörnchen wohl – und lassen sich mitunter von Spaziergängern füttern

Panne

Zum Leidwesen von Autobesitzern zerbeißen Steinmarder gern Bremsschläuche

Mehr als

10000

Tier-Arten kommen in manchen Städten vor

Fledermäuse jagen in der Stadt bevorzugt entlang von Straßenlampen. Dort sammeln sich Motten, weil sie die Lichter irrtümlich für den Vollmond halten. An seinem Licht orientieren sie sich im Wald und sind völlig verwirrt, dass man ihn in der Stadt umfliegen kann.

Rund
115
Millionen Vögel sterben Schätzungen zufolge jedes Jahr, weil sie gegen Glasscheiben fliegen

schen durchschnittlich gut 85 Kilogramm Lebensmittel weg. Mülltonnen voller Brot, Käse, Wurst und Joghurt, voll von überreifem Obst, Gemüseschnitt und Süßwaren: Das sind wahre Supermärkte für Allesfresser wie Schwein, Fuchs oder Waschbär.

Im Vergleich zum städtischen Überangebot nimmt sich das Umland – landwirtschaftlich geprägte Flächen und eintönige Monokulturen – vielerorts geradezu karg aus. So kommt es, dass zum Beispiel in Berlin inzwischen weit mehr Füchse leben als auf vergleichbarer ländlicher Fläche.

Intelligente, anpassungsfähige Tiere können besonders gut von Wildnis auf Stadt umschalten. Manches Wildschwein etwa hat gelernt, durch Gurte gesicherte Mülltonnen in Parkanlagen zu öffnen. Zunächst schmeißt es den Behälter um, löst dann geschickt mit seinen Hufen die Spanngurte um den Deckel und öffnet die Tonne schließlich mit der kräftigen Schnauze. Dann heißt es: ganz entspannt Reste fressen, statt im Wald mühsam Eicheln zu suchen.

Ist Nachwuchs in der Nähe, gelangt das neu erworbene Wissen direkt an die nächste Generation: Frischlinge schauen genau zu, was ihre Mutter macht, lernen von ihren Eltern.

Verhaltensänderungen, Migration von Arten, das Neben- und Miteinander von Mensch und Tier: All das sind Phänomene, die zunehmend in den Fokus von Wissenschaftlern geraten. Unter Biologen lange Zeit eher als Nebensache abgetan, etabliert sich eine neue Forschungsdisziplin: die Stadtökologie.

Noch sind viele Fragen nicht gänzlich geklärt: Warum zieht es gerade in den letzten Jahren so auffallend viele Tiere in die Metropolen? Welche Arten sind besonders anpassungsfähig, profitieren mehr als andere von der Urbanisierung? Wo genau halten sich Waschbär und Co. im Wirrwarr der Straßen und Grünanlagen auf? Wann und wie bewegen sie sich von Ort zu Ort – wenn man so will: Wie sieht der Stadtplan eines Fuchses aus? Und inwiefern wandelt sich die Lebensweise der tierischen Stadtbewohner?

Die Tiere passen sich an

Immer mehr zeigt sich: So wie der Mensch sich ändert, so ändern sich auch die Tiere.

Zum Beispiel Graureiher: Seit sie nicht mehr bejagt werden, siedeln sich immer mehr Brutpaare in den Städten an. Und zunehmend verlieren die vormals ängstlichen Wasservögel ihre Scheu, verringert sich ihre Fluchtdistanz. In Amsterdam flanieren sie zuweilen über Straßen oder Marktplätze, warten auf Bürgersteigen darauf, mit Fisch gefüttert zu werden.

Nicht alle distanzlosen Tiere sind allerdings so gern gesehen wie Graureiher. Wenn Wildschweine Blumenrabatten, Vorgärten oder Fußballfelder umwühlen, wenn Steinmarder Autokabel durchbei-

Mehr als 100 Habichtreviere gibt es allein in Berlin. Die eigentlich scheuen Raubvögel werden von den vielen Tauben gelockt: Schätzungsweise erlegen sie jährlich rund 10 000 Beutevögel.

Der Tag einer Stadtamsel dauert – wie eine Studie gezeigt hat – eine gute halbe Stunde länger als der im Wald lebender Genossen. Denn durch künstliches Licht bleibt es in der Stadt länger hell.

W

Wenn ich ein Tier sein dürfte, dann ein Pferd, am liebsten ein wildes. Sein Ausdruck, seine Eleganz faszinieren mich. Die Sehnsucht nach Pferden war immer da, und doch widme ich ihnen zu wenig Zeit. Als ich höre, dass man mit Pferden die Südtiroler Berge erkunden kann, noch dazu unweit meines Zuhauses, gibt es nichts mehr, was mich abhalten kann.

Und so finde ich mich bald darauf auf dem Rücken von Naima wieder, einem von vier Haflingern, mit denen Herbert Walcher regelmäßig Menschen durch seine Südtiroler Heimat führt. Schnell zeigt sich: Jedes der vier Tiere hat sein ganz eigenes Gemüt.

Naima ist ruhig und doch selbstbewusst. Sie ist die Ranghöchste in unserer kleinen Gruppe. Herbert führt Asso, den Braven, mein Partner Franz bekommt die Stute Annabelle, die Eigensinnige. Und meine Freundin Franziska reitet Kathi, die Gemütliche.

Es fühlt sich an wie ein kleines Abenteuer

Zwar bin ich keine blutige Anfängerin, war im Tal schon öfter reiten, auf flachen Wiesen oder Reitplätzen. In den Bergen aber, auf unwegsamem Gelände, war ich noch nie mit einem Pferd unterwegs. Und so fühlt es sich wie ein Abenteuer an, zu dem unsere kleine Gemeinschaft aufbricht.

Keine Wolke steht am hellblauen Himmel. Der Wald trägt seine Farben so intensiv und weich wie in nur wenigen Wochen im Jahr. Im Schritt reiten wir vorbei an alten Bauernhöfen aus sonnengegerbtem Holz, den Geruch von eben erst geschnittenem Gras in der Nase. Wir lassen die letzten Häuser zurück, die geteerte Straße. Von Weitem leuchten Preiselbeeren wie ein roter Teppich.

Auf einem Forstweg geht es hoch zu den Samhütten, einer malerisch gelegenen Ansammlung von schützenden Behausungen auf dem Ahrntaler Almenweg.

Das Ahrntal wird im Südtiroler Dialekt auch „is Toul“ genannt, „das Tal“, als gäbe es nur dieses eine. Tatsächlich ist es weniger touristendurchflutet als andere, umgeben von Dreitausendern, und seine ➺

Auch als Laie findet sich Barbara Bachmann schnell zurecht: Der Tour-Guide erklärt jeden Handgriff im Umgang mit dem Tier

Auf befestigten Wegen geht es über die Höhen der Tiroler Alpen, über Almen hinweg

Ob mit Esel, Lama oder Pferd: Es gibt eine große Vielfalt an Angeboten, die Natur in Begleitung eines Tiers zu erkunden. »Animal Trekking« oder »Tier Trekking« heißt dieser Trend.

Touren und Seminare für das Reisen zu Pferd in Deutschland und anderen Ländern versammelt im Internet zum Beispiel die »Deutsche Wanderreiter Akademie«: wanderreiten-deutschland.com.

Schon als Kind fühlte sich Barbara Bachmann zu Pferden hingezogen. In den Alpen lernt sie Naima kennen, einen Haflinger

Wandern auf vier Hufen

Wie fühlt es sich an, gemeinsam mit einem Tier die Natur zu erleben? Barbara Bachmann war neugierig – und ist mit der Stute Naima durch die Alpen gezogen

Text: Barbara Bachmann Fotos: Franziska Gilli

Drei bis fünf Zentimeter groß und blattgrün gefärbt hüpft der Laubfrosch mit kräftigen Sätzen durch die hiesige Flur. Das allein würde ihm zu keiner herausragenden Stellung unter den Amphibien verhelfen. Aber diese Eigenschaft: Als einziger europäischer Lurch ist der Laubfrosch fähig, an Sträuchern und Bäumen emporzuklettern, die er etwa zum Sonnen und Ausruhen nutzt.

Eng verknüpft mit der Kletterkunst des Laubfroschs ist seine angeblich prophetische Gabe, das Wetter vorherzusagen. Als lebendiges Barometer hielt man ihn früher mancherorts in einem Glas. Wenn er sein Leiterchen erklimme, werde es schön – so die Vorstellung. Bei schlechtem Wetter verharre er am Boden.

Und tatsächlich: Wer Laubfrösche in der Natur beobachtet, stellt fest, dass die kleinen Hüpfer besonders bei sonnigem, warmem Wetter größere Höhen erklimmen – insofern ist den früheren Froschdeutern recht zu geben. Nur hat dieses Verhalten nichts mit einem barometrischen Sinn zu tun. Vielmehr ist es in erster Linie der Appetit auf Mücken und Fliegen, der die quakenden Tiere auf höhere Pflanzen lockt. Denn die Fluginsekten schwirren bei Sonnenschein – von Thermik getragen – weiter oben. Gerät dann eine Mücke in Reichweite eines hungrigen Froschs, schnellt dessen klebrige Zunge hervor, fängt die Beute und befördert sie kurzerhand ins Maul.

Kühlt sich die Luft ab, bleiben Fliegen und Mücken näher am Boden, und mit ihnen der Frosch. Allerdings geschieht das meist zu einem Zeitpunkt, da Wolkentürme und Gewitterwinde einen Umschwung längst angekündigt haben. Als Wetterpropheten eignen sich die Hüpfer also nicht.

Ohnehin dürfte ein Laubfrosch in einem Glas – so man ihn ausreichend füttert – nur recht selten auf eine Leiter steigen. Ganz gleich bei welchem Wetter. ●

Gibt es den *Wetterfrosch* wirklich?

Text: Sebastian Witte Illustration: Hendrik Gheerardyn

Hartnäckig hält sich bei manchen der Glaube, der Laubfrosch sei ein Wetterprophet. Denn sein Verhalten ist durchaus davon bestimmt, ob ein Tag eher regnerisch und kühl ist – oder trocken, sonnig und warm

ßen, wenn Waschbären und Füchse lärmend in Mülltonnen stöbern, fühlen sich immer mehr Städter gestört und bedrängt. Berlin beschäftigt seit einigen Jahren eigens einen Wildtierbeauftragten, der sich nicht nur um verletzte Tiere kümmert, sondern auch Bürgern hilft, die sich von aufdringlichen Schweinen genervt fühlen.

So sehr sich manche Tiere ans Urbane gewöhnen, so sehr auch viele Städte zu neuen Inseln der Vielfalt werden, man darf nicht vergessen: Der Zuzug der Fauna hat nicht zuletzt auch mit der Zerstörung natürlichen Lebensraums zu tun. So hat beispielsweise die Forstwirtschaft mancherorts mehr und mehr Spechte aus den Wäldern vertrieben. Geeignete Altbäume zum Nisten finden die Vögel inzwischen eher in Stadtparks und auf Friedhöfen.

Zahlreiche andere Arten, die auf eine möglichst von Menschen ungestörte Natur angewiesen und nicht flexibel genug sind, ins Städtische auszuweichen, gehören zu den großen Verlierern der modernen Urbanisierung.

Und eine traurige Zahl spricht auch für sich: Jedes Jahr sterben hierzulande wohl 115 Millionen Vögel, weil sie gegen Fenster und Glasfassaden fliegen.

VERHALTEN

In der Dunkelheit ist viel los!

Besonders nachts zieht es Tiere in der Stadt aus ihren Unterschlupfen: Wenn wir schlafen, suchen sie eifrig nach Fressbarem

Viele Wildtiere, die in Städten hausen, kommen meist mit Einbruch der Dämmerung aus ihren Verstecken. Fledermäuse heben zur Insektenjagd in die Luft ab, Eulen halten Ausschau nach Kleinsäugern, Füchse und Waschbären klauben Fressbares aus Abfalleimern, Wildschweine durchwühlen mitunter Vorgärten und Blumenrabatten. Je mehr einige der Tiere jedoch ihre Scheu vor den Menschen ablegen, desto häufiger erblickt man sie auch tagsüber.

Tierische App

Auf digitaler Pirsch
Die App „Wildtiere" (auf stadtwildtiere.de) bietet die Möglichkeit, eigene Beobachtungen mit anderen Usern zu teilen. So kann man direkt vor Ort Bilder, Videos oder auch Tonaufnahmen in die digitale Plattform hochladen.

Herbert Walcher (rechts) bietet mit Kollegen schon lange geführte Touren durch das Gebirge an

Im Jahr
1874
wurde aus den Gebirgspferden eine Rasse

In der Gruppe herscht eine klare Rangordnung, jedes Tier hat ein besonderes Temperament

Haflinger sind seit Jahrhunderten Begleiter der Menschen in der Bergwelt der Alpen, ruhig und besonnen

Jeder Reiter ist für sein Tier und seine Ausrüstung verantwortlich – doch es bleibt Zeit genug, seine Erinnerungen festzuhalten

Mit der Abendsonne kommen die Reiter auf einer Hütte an

Erschöpft und glücklich: Auch auf dem Rücken von Pferden ist ein langer Wandertag anstrengend

Menschen, die „Teldra", sind von einem besonderen Schlag. Kantig, kameradschaftlich.

Oben bei den Samhütten tut sich eine herrliche Sicht auf, von den mächtigen Gipfeln der Hohen Tauern bis nach Luttach, wo unsere Pferde zu Hause sind.

Ab jetzt werden sie vor allem Gras und Granit unter ihren Hufen spüren.

Zu Pferd unterwegs auf

2000

Meter Höhe

Es ist, als glitte ich durch die Natur

Vor Hunderten von Jahren transportierten Menschen mit den Pferden schwere Waren auf diesem Weg. Heute sind wir zum reinen Vergnügen hier. Es ist ein anderes Gefühl mit den Pferden in den Bergen unterwegs zu sein, hoch oben auf mehr als 2000 Meter, als unten im Tal. Die Umgebung, die ich eigentlich gut kenne, wirkt anders auf mich, fremdartig, weil der Blickwinkel neu ist.

Im gleichmäßigen Rhythmus wippen wir einmal nach links, dann nach rechts. Der Boden ist weit weg, denn die Füße berühren ihn nie. Dafür wirkt der Himmel näher. Es ist zuweilen, als glitte ich auf dem sanften Geschöpf durch die Natur.

Einmal den Rhythmus gefunden, lenkt mich nichts mehr ab, bin ich ganz bei mir und meinem Pferd. Jede Bewegung, jede Regung ist Kommunikation, wie ein fortwährendes Gespräch.

Naima im freien Gelände zu reiten ist manchmal nicht einfach für mich, sie ist die Schnellste der Gruppe und für einen Haflinger beeindruckend groß. Zum Glück sind wir meist nicht im Galopp oder Trab unterwegs, sondern gemächlich im Schritt. Die Langsamkeit stört nicht, fast bleibt die Zeit stehen. Die Tiere scheinen wie wir zufrieden, endlich draußen, endlich Weite und nirgendwo Autos, kein Lärm. Sie schnauben, wie erleichtert, und bücken sich bei jeder Gelegenheit nach dem Gras am Wegesrand. „Das schmeckt ihnen besser als das Heu im Stall", sagt Herbert.

Unter uns zieht langsam die letzte Ortschaft vorüber. Nach Stunden legen wir auf der Waldner Alm einen Mittagsstopp ein, binden die Pferde an den Zaun. Gierig trinken sie literweise Wasser. Sobald sie versorgt sind, löschen auch wir unseren Durst. Von der Terrasse aus geht der Blick auf imposante Gletscher.

Unser Tagesziel ist die Tauernalm, 2018 Meter hoch gelegen. Erschöpft, aber glücklich, kommen wir dort um 19 Uhr an. Am liebsten würde ich draußen bei den Tieren schlafen, aber dafür ist es zu kalt. Wir übernachten im kleinen Zimmer mit insgesamt sieben Schlafplätzen oberhalb von Küche und Stube.

Bevor ich mich von unseren Haflingern verabschiede, schaue ich ihnen noch eine Weile dabei zu, wie sie vor der Hütte herumtollen, sich wälzen, als wären sie noch lange nicht müde. Ohne Sattel »→

Auch für Nicht-Reiter: In unterhaltsamen Geschichten nimmt Stefan Schomann den Leser in seinem Buch mit auf vielfältige Wanderritte (»Das Glück auf Erden: Reisen zu Pferd«, Picus Verlag).

Tourplanung, Ausrüstung, Umgang mit Zwischenfällen: Auf 272 Seiten informiert ausführlich der Ratgeber »Mit Pferden auf Tour: Ein Hanbuch für Wanderreiter« (Verlag Müller Rüschlikon).

Am Abend werden die Tiere von den Sätteln befreit. Sie wirken so, als könnten sie noch lange weiterwandern

Wer mit Pferden wandert, muss sich auch nach ihren Bedürfnissen richten

und Reiter wirken die Tiere noch anmutiger, freier, schöner.

Der Morgen beginnt dunkel und früh. Kurz nach 7.30 Uhr erhellt die Sonne die Gipfel. Lichtstrahlen brechen durch einzelne Wolken. Die Pferde wälzen sich im Gras, sie haben nur rund drei Stunden geschlafen.

Das Tier und ich sind eins geworden

Gemeinsam striegeln wir das glänzende Fell und die Mähnen von Naima, Kathi, Annabelle und Asso, satteln die Tiere und packen unsere wenigen Sachen in die Taschen. Es fühlt sich an wie ein schon oft geübtes Ritual, so ruhig läuft alles ab.

Über einen steilen Weg aus der Römerzeit, der zu schmal zum Reiten ist, führen wir die Pferde zu Fuß wieder talwärts. Ich gehe vor, Naima ist dicht hinter mir. So nah, dass ich ihren Atem im Nacken spüren kann. Kurz denke ich daran, dass sie mich beißen oder stoßen könnte, wenn sie wollte.

Aber die Sorge verfliegt schnell. Ich vertraue ihr und sie mir, Naima lässt sich problemlos von mir führen. Ich darf dabei nicht zögern, sie würde es merken und versuchen, das Kommando zu übernehmen. Als der Weg flacher wird, steige ich wieder auf, mit dem linken Fuß fest im Steigbügel, das rechte Bein schwinge ich über Naimas Rücken. Geduldig bleibt sie stehen.

Mit den Zügeln und meiner Körperhaltung, unseren beiden Verbindungspunkten, gebe ich ihr ein Zeichen, das sie richtig als Aufforderung zum Trab deutet, und schon reiten wir die Ahr entlang, die dem Tal seinen Namen gibt.

Nur

3

Stunden Schlaf brauchen die Pferde

Über die Trinksteinalm erreichen wir die Heilig-Geist-Kirche aus dem Jahr 1455. Karg ist sie, ohne Prunk und Gold, beeindruckend in ihrer Einfachheit. Auffällig ist allein ein blutüberströmter Jesus am Kreuz. Hinter der Kirche findet sich ein dünner Spalt aus Steinen, passiert man den Weg, so soll er die Sünden von einem abstreifen.

Nach einer kurzen Pause sitzen wir wieder auf den Pferden, und allmählich wird das Gefühl von gestern stärker: So könnte es ewig weitergehen, mal langsamer, mal schneller.

Schon am zweiten Tag ist es, als ob ich mich nie anders fortbewegt hätte als auf Naimas Rücken. Wir sind eins geworden, das Tier und ich.

Da kommt eine Frau auf ihrem E-Bike vorbei und fragt scherzend: „Von euch würde niemand mit mir tauschen, oder?" Wir lächeln bloß.

Packend berichtet der Abenteurer Tim Cope über einen Wanderritt der Extreme: »Auf den Spuren Dschingis Khans: Drei Jahre zu Pferd von Asien nach Europa« (National Geographic Verlag).

Eine Liebeserklärung an einen treuen, trittsicheren Begleiter in Bergwelten: »Der Haflinger: Begegnungen in Tirol, Südtirol und im Trentino« (Athesia Tappeiner Verlag).

Unterwegs auf historischen Routen, von Pilgern und Schmugglern

Schon eine kurze Tour schafft eine emotionale Verbindung zu den sanftmütigen Tieren

IMPRESSUM

Gruner + Jahr GmbH, Am Baumwall 11, 20459 Hamburg Postanschrift der Redaktion: Brieffach 24, 20444 Hamburg, Tel.: 040/37 03-0
Internet: www.geo.de/wohllebens-welt

CHEFREDAKTEURE
Jens Schröder, Markus Wolff
CHEFREPORTER
Peter Wohlleben
STELLVERTRETENDER CHEFREDAKTEUR
Rainer Harf
ART DIRECTION
Katja Wegener
TEXTREDAKTION
Tilman Botzenhardt, Maria Kirady, Claus Peter Simon, Bertram Weiß, Sebastian Witte
BILDREDAKTION
Carla Rosorius (Leitung); Carolin Küst
LAYOUT
Dennis Gusko
REDAKTIONELLE MITARBEIT
Regina Franke, Dr. Götz Froeschke, Susanne Gilges, Stefan Sedlmair, Bettina Süssemilch
CHEF VOM DIENST/SCHLUSSREDAKTION
Ralf Schulte
TECHNISCHER CHEF VOM DIENST
Rainer Droste
REDAKTIONSASSISTENZ
Ümmük Arslan
HONORARE/SPESEN
Angelika Györffy
GESCHÄFTSFÜHRENDE REDAKTEURIN
Maike Köhler
VERANTWORTLICH FÜR DEN REDAKTIONELLEN INHALT
Jens Schröder, Markus Wolff
PUBLISHER
Frank Thomsen (Stv. Toni Willkommen)
PUBLISHING MANAGER
Eva Zaher
EXECUTIVE DIRECTOR DIRECT SALES
Heiko Hager, G + J e|MS
VERANTWORTLICH FÜR DEN ANZEIGENTEIL
Daniela Porrmann, Director Brand Solutions, G + J e|MS, Am Baumwall 11, 20459 Hamburg
Es gilt die jeweils aktuelle Preisliste.
Infos hierzu: www.gujmedia.de
SALES DIRECTOR
Franziska Bauske, DPV Deutscher Pressevertrieb
MARKETING
Pascale Victoir
HERSTELLUNG
G + J Herstellung, Heiko Belitz (Ltg.), Oliver Fehling
Litho: Peter Becker GmbH, Würzburg
Druck: Mohn Media Mohndruck GmbH, Gütersloh

Bankverbindung: Deutsche Bank AG Hamburg, IBAN: DE30200700000032280000, BIC: DEUTDEHH
Heft-Preis: 6,50 Euro
ISBN 978-3-652-00931-7; ISSN 2628-4448

USA: WOHLLEBENS WELT is published by Gruner + Jahr GmbH. K.O.P.: German Language Pub., 153 S Dean St, Englewood NJ 07631. Periodicals Postage is paid at Paramus NJ 07652. Postmaster: Send address changes to WOHLLEBENS WELT, GLP, PO Box 9868, Englewood NJ 07631.
KANADA: Sunrise News, 47 Silver Shadow Path, Toronto, ON, M9C 4Y2, Tel.: +1 647-219-5205, E-Mail: sunriseorders@post.com.

GEO-LESERSERVICE

FRAGEN AN DIE REDAKTION
Tel.: 040/37 03 20 84, Fax: 040/37 03 56 48, E-Mail: briefe@wohllebens-welt.de
ABONNEMENT- UND EINZELHEFTBESTELLUNG
Online-Kundenservice: www.geo.de/kundenservice
Tel.: 0049/40/55 55 89 90
Service-Zeiten: Mo–Fr 7.30–20 Uhr, Sa 9–14 Uhr
Postanschrift: GEO-Kundenservice, 20080 Hamburg
Preis Jahresabonnement: 26,00 € (D)/ 29,60 € (A)/41,60 sfr (CH)
Preise für weitere Länder auf Anfrage erhältlich.

BILDNACHWEIS

Anordnung im Layout: l. = links, m. = Mitte, o. = oben, r. = rechts, u. = unten, z. = zentral

TITEL
Tobias Wohlleben
MUTIGER FELDVERSUCH
Leopold Kanzler: 2/3
EDITORIAL
Ramon Haindl: 5 o.; PM/YourPhotoToday: 5 u. l.; Shutterstock: 5 (Hintergrund)
INHALT
siehe entsprechende Seiten, außer: Kerstin Hinze/nature picture library: 6 u. l.; Willi Rolfes 6 u. r.; Franziska Gilli 6/7; Shutterstock: 6/7 (Hintergrund)
DER SCHATZ AUS DER TIEFE
imago/Kickner: 8/9; Tobias Wohlleben: 8, 10 o. l., 13 m.; Wolfgang Zwanzger/imago images: 8 o. l.; EyeEm/Getty Images: 10 o. r.; Helmut Hess/Getty Images: 10 m. r.; Frank Fox/OKAPIA: 10 u. r.; Odilon Dimier/Plainpicture: 10 u. l.; Berthold Steinhilber/laif: 11, 12, 12 u. l., 14/15, 15 o. r., 15 m. r., 15 u.; Ramon Haindl: 12 u. m., 14 u. l., 15 m. l.; Christian Hajer/EyeEm/Getty Images: 13 m.; Getty Images: 14/15; Roland Birke/P. Arnold, Inc./OKAPIA: 15 o. l.; F. Hecker/H. Bellmann/blickwinkel: 16 o.; DEEPOL by plainpicture: 16 m.; Kilian Schönberger: 17; Wilfried Feder/DEEPOL by plainpicture: 17 o. r.; Willi Rolfes: 18 o.; Rainer Fuhrmann/EyeEm/Getty Images: 18 m.; Shutterstock: 13, 16, 18 (Hintergründe); Illustrationen: dieKleinert: 13 o.; Rainer Harf: 17 u.
DAS MURMEL-TEAM
Andreas Volz: 20/21; Willi Rolfes: 22 o. l.; Iris Kuerschner: 22 u. r.; Martina Gebert: 22 u. l., 22/23, 23 (3), 25 m. r., 25 u. r.; Willi Rolfes: 25 o.; Andreas Volz: 25 m. l.; Ramon Haindl: 27 o. r.; Shutterstock: 24/25, 26/27 (Hintergründe); Illustrationen: Getty Images: 24 o.; Anastasia Mattern: 24 m.; Foto Spring/OKAPIA: 24 u.; Hendrik Gheerardyn: 26
WESHALB IST DER KARTOFFELKÄFER SO GEFÜRCHTET?
Illustration: Falk Nordmann (aus: »Käfer. Ein Portrait« von Bernhard Kegel; erschienen in der Reihe »Naturkunden«, hrsg. von Judith Schalansky)/2019 MB Matthes & Seitz Berlin Verlagsgesellschaft GmbH: 29
WIE SCHMECKT DIE NATUR?
Matilda Lindeblad/DEEPOl by plainpicture: 30; blickwinkel/imago images: 30 u.; Wohllebens Waldakademie: 31, 34 o. l.; Frank Bauer für Essen und Trinken: 32, 35 o. r., 35 m. l., 38 o. r.; Hans-Peter Siffert, AT Verlag/www.at-verlag.ch: 33 o., 36 m. r., 37 m. r.; Angelica Linnhoff/StockFood: 33 m. r.; Sandra Roesch/DEEPOL by plainpicture: 34 o. r.; Liebes Land/Johannes Geyer/Picture Press: 34 u.; Carolin Küst: 34 m. r., 35 o. m.; Matteo Manduzio/StockFood: 35 u. r.; Fotos mit Geschmack/StockFood: 36 o. l.; 36 o. r.; AustrianImages/DEEPOL by plainpicture: 36 o. r.; Peter Himmelhuber/ddp: 36 u. r.; blickwinkel/imago images: 37 o. r.; Heath Mcdonald/SciencePhotoLibrary: 37 o. r.; Gaby Wojciech/DEEPOL by plainpicture: 38 o. l.; Flora Press/Teubner Foodfoto: 38 m.; Ramon Haindl: 38 u. l.
SCHLEIMIGE SCHÖNHEITEN
Heinz Spath: 40–48; imagebroker/ullstein bild: 47 o. r.; Heike Odermatt/Minden Pictures: 47 u. l.; Pholdar nine/amanaimages/plainpicture: 47 o. l.; Illustrationen: Rainer Harf: 46; Angela Mele: 48
DIE NEUEN STADTBEWOHNER
Matthew Maran/nature picture library: 52–53; Laurent Geslin/nature picture library: 54; Chris Tobin/Getty Images: 55 o.; »Shattil & Rozinski«/nature picture library: 55 u.; Luke Massey/nature picture library: 56 (2); Klaus Echle/nature picture library: 57 (2); Karen Deakin/ddp: 59 o.; Nick Upton/nature picture library: 59 u. l.; Milan Radisics/nature picture library: 59 u. r.; Shutterstock: 58/59, 60/61 (Hintergründe); Illustration: Natur im Bild: 61
SAGT DER LAUBFROSCH WIRKLICH DAS WETTER VORAUS?
Illustration: Hendrik Gheerardyn: 63
WANDERN AUF VIER HUFEN
Franziska Gilli: 64–73; Shutterstock: 66 (Hintergrund); Katja Wegener: 69 m. r. (Skizze)
LASST UNS ERBLÜHEN!
Andreas Volz: 74, 75, 77 o. l., 77 o. r., 77 u.; Willi Rolfes: 77 m.; Christian Ziegler/Minden Pictures/Nature in Stock: 78 o. (2); Ch'ien Lee/Minden Pictures/Nature in Stock: 78 u.; Michael and Patricia Fogden/Minden Pictures: 78 m. r.; nature picture library: 80 o. l.; Martin Gabriel/nature picture library: 80 o. m.; Kim Taylor/nature picture library: 80 o. r.;
Illustrationen: Claus Caspari: 76–80
WIE KOMMT DER IGEL ZU SEINEN STACHELN?
Jean Chevallier: 82/83
DEUTSCHLANDS WILDER WESTEN
Berthold Steinhilber/laif: 84/85, 91 o. l.; Peter Wohlleben: 84, 85, 88; Kilian Schönberger: 86, 87 o. r., 87 m.; Ramon Haindl: 86 o. r., 90 o. l.; Willi Rolfes: 87 o. l., 87 u. (2), 89 o. l. (3), 89 u. r., 90 o.r., 91 o. r.; Stefan Ziese/ddp: 89 o. r.; Shutterstock: 89 m. u.; imageBROKER/Alamy Stock Photo: 89 u. l.; imageBROKER/ullstein bild: 90 o. m.; Illustration: Julia Pfaller: 88
AUF GRAZILEN SCHWINGEN DURCH DEN SOMMER
Konrad Wothe/Minden Pictures: 92/93; Ronald Hofmeester/Nature in Stock: 92 u.; Arik Siegel/Nature in Stock: 94; Willi Rolfes: 95 o.; Andres M. Dominguez/BIA/Minden Pictures/Nature in Stock: 95 m.; Alex Huizinga/Nature in Stock: 95 u.; Konrad Wothe/Minden Pictures: 97 o.; Danny Laps/Nature in Stock: 97 m.; Andreas Volz: 98 o.; Ingo Arndt/Minden Pictures/Nature in Stock: 98 m.; Illustration: Universal Images Group North America LLC/Alamy Stock Photo: 96; Mick Klaack:97 u.; MARK P. WITTON/Science Photo Library: 98 u.
WARUM BEKOMMT DAS EDELWEISS KEINEN SONNENBRAND?
Illustration: Hendrik Gheerardyn: 101
IMMER DEN RICHTIGEN RIECHER!
Jean-Louis KLEIN & Marie-Luce HUBERT: 102/103; panthermedia: 104 o.; Stefano Venturi/EyeEm/Getty Images: 104 u.; Heidi & Hans-Juergen Koch/Minden Pictures: 105, 106 o., 109 u. (2); André Gilden/Nature in Stock: 106 u. l.; Stephen Dalton/Minden Pictures/Nature in Stock: 106 u. r.; John Cancalosi/Nature Picture Library: 107 o. l.; Jeremy Woodhouse/Getty Images: 107 o. r. ; Yukihiro Fukuda/Nature Picture Library: 107 u. l.; Shutterstock: 108; ZSSD/Minden Pictures/Nature in Stock: 109 o. l.; Brendon Cremer/Nature in Stock: 109 o. r.; Perry de Graaf/Nature in Stock: 19 m. l.
»NÜTZEN WALDBRÄNDE DER NATUR?«
Illustrationen: Julia Pfaller: 110/111
VORSCHAU
Kilian Schönberger: 112 o.; Craig Stennett/Alamy Stock Photo: 112 m. l.; KUTSCHENREITER: 112 u. l.; Carsten Linde: 113 o. l.; Axel Gomille 113 o. r.; F. Hecker/Imago: 113 u. r.; Christoph Neumann: 113 u. l; Shutterstock: 112/113 (Hintergrund); Illustration: Rainer Harf
STABILE SEITENLAGE
Bernard Castelein/Nature Picture Library: 114/115
Grafiken unter Lizenz von Shutterstock: 18, 27, 38, 49, 61, 72, 80, 91, 98, 108

Rund
25 000
Arten von Orchideen gibt es weltweit

Hummel-Ragwurz
Der Käfer ist ein ungewöhnlicher Gast, denn die Orchidee wird eigentlich von einer Bienenart bestäubt

Pyramiden-Hundswurz
Im Mai und Juni erblüht die Schönheit auf Magerrasen und in lichten Wäldern

Lasst uns erblühen!

Kaum eine Pflanzenfamilie entwickelt eine betörendere Pracht: Doch die Orchideen sind hierzulande selten geworden. Dabei könnten sie sogar am Straßenrand gedeihen

Text: Andreas Weber

Eigentlich sind Orchideen gar *nicht selten*. Solange man sie nicht vertreibt

H

Haben auch Sie eine heimliche Orchideenstelle, einen Ort, an den Sie im Mai zurückkehren, um zu prüfen, ob das Leben dieses Jahr noch da ist, um Sie mit seinen Blüten zu empfangen?

Meine Stelle liegt am Rande eines Wirtschaftsforstes im Hamburger Norden. Der Wald ist unspektakulär: Hohe Buchenhallen in flaschengrünem Dämmer, abwechselnd mit Fichtenschlägen. Erst am Waldrand ändert sich die Atmosphäre. Hier strecken Erlen ihre schlanken Stämme in den Himmel, helle Stellen leuchten auf dem sumpfigen Boden. Ein Gewässer tastet sich mit zahlreichen Armen durch die Niederung.

Hier stehen sie.

Wenn ich aus dem Wald komme, muss ich mich erst ans Licht gewöhnen. Allmählich tritt alles schärfer hervor: Gräser, Kräuter, das frische Grün der Zweige. Und dann sehe ich einen rosafarbenen Tupfer, noch einen, und einen weiteren. Auf einmal kippt das Bild. Ich stehe vor einem ganzen Feld von rosa und violett blühenden Orchideen.

Breitblättrige Stendelwurz
Epipactis helleborine

Bienen-Ragwurz
Ophrys apifera

Das Breitblättrige Knabenkraut wächst mit seinen gefleckten Blattspreiten aus dem staunassen Boden. Als dichte Trauben stehen die Blüten mit den spornartig verlängerten Unterlippen am kräftigen Stiel, fast kniehoch wachsen manche der Blumen. Leise gluckst das Wasser, bildet Pfützen und Lachen, in denen sich die Blütenstände der Orchideen spiegeln.

Eintritt in ein Geheimnis

Ich setze mich auf die verwitterten Holzbohlen des Steges, der an dieser Stelle auf Stelzen über das Feuchtgebiet führt. Ich kenne diese Stelle schon lange. Als Kind habe ich am Rande des Waldes in einem in den Schlamm gesunkenen VW-Bus gespielt. Später wäre um ein Haar ein Fahrdamm über den Orchideen aufgeschüttet worden. Stattdessen baute man die Bohlenbrücke. Heute kann ich auf den Planken zwischen den Blüten sitzen, ohne Furcht, sie zu zerdrücken. Es ist wie ein tropischer Wipfelpfad im Kleinen. Ich komme her und darf in ein Geheimnis eintreten.

Vor Jahrzehnten noch offenbarte sich dieses Geheimnis im Frühling überall in den norddeutschen Niederungen, zeigte sich das Kostbarste als Alltäglichkeit. Doch dann begannen Bauern die Wiesen zu düngen, das Gras schon im Mai das erste Mal zu schneiden. Und die Pracht verdarb.

Dabei sind Orchideen gar nicht selten, wenn man sie nicht ver- »→

Die Echte Vanille ist die wohl bekannteste Orchidee. Aus den fermentierten Kapseln der in Mexiko heimischen, aber vor allem auf Madagskar angebauten Pflanze wird das beliente Gewürz gewon-

Geschichte: Schon vor Jahrtausenden genossen Menschen den Reiz der schönen Blüten. Die ältesten Schriften über die Kultivierung von Orchideen stammen aus China um 500 v. Chr.

Wie kommt der *Igel* zu seinen Stacheln?

Text: Sebastian Witte Illustration: Jean Chevallier

Mit seinen vielen Piksern auf dem Rücken lehrt der kugelige Säuger Angreifer das Fürchten. Doch obwohl er bereits mit einem Stachelkleid zur Welt kommt, ist ein Igel anfangs noch recht verwundbar – und muss sich in Geduld üben

Alles für mein Wohlfühl-Glück.
Jeden Monat NEU!
Die neue VITAL: jetzt bei Ihrem Zeitschriftenhändler.
www.facebook.com/vital.de

Schwestern Die ebenfalls prächtig blühenden Schwertlilien (links und rechts) und Feuerkolben gehören in die biologische Verwandtschaft der Orchideen

Orchideen bauen darauf, dass in der Welt des Lebens alles miteinander *verschwägert* ist

Die Hummel-Ragwurz lockt ihre Bestäuber damit an, dass ihre Blüten in Form und Farbe ein weibliches Insekt imitieren – und auch so duften. Das Wildbienen-Männchen versucht, sich mit der Blüte zu paaren. Düpiert zieht es schließlich unverrichteter Dinge wieder ab – bepackt mit Pollen, den es in der nächsten Blüte, beim nächsten Sex-Betrug, ungewollt an seinem floralen Bestimmungsort ablegt.

Die spektakulären Orchideen gedeihen in Deutschland vor allem auf mageren Trockenhängen der Mittelgebirge. Dort, auf warmen Kalkböden, unter den Kronen lichter Buchenwälder, liegen die heimischen Orchideenparadiese. Von den ungefähr 25 000 Orchideenarten weltweit kommen in Europa 650, in Deutschland 90 vor. Im Norden sind es noch viel weniger.

Extravagante Blumen wie im Mittelgebirge blühen nicht an meinem holsteinischen Bach. Ich habe dort nur noch eine andere Orchidee gefunden. Außerhalb des Waldes reckt sich vom grasigen Wegrain hie und da ein Exemplar des Eiförmigen Zweiblattes empor.

Fuchs' Knabenkraut
Dactylorhiza fuchsii

Orchideen bauen darauf, dass in der Welt des Lebens alles miteinander verflochten und verschwägert ist. Vielleicht könnte man sagen: Orchideen sind die Blüten der gegenseitigen Vernetztheit. Ihre Pracht ist nur möglich, weil sie in alle Richtungen ihre Fühler ausstrecken, zu den Insekten, die sie vermehren, zu den Pilzen, die ihnen wachsen helfen, zu den Bäumen, deren Laub den Humus ergibt, auf dem sie gedeihen. Darum haben sie es in der heutigen Welt, in der dieses Netz immer wieder zerrissen wird, so schwer.

Aber es ist dieses, die Ahnung, dazuzugehören, die Erfahrung, Teil dieses großen Netzes zu sein, die mich nach den Stunden am Maienbach noch lange begleitet.

Darum komme ich immer wieder an meine Orchideenstelle im Hamburger Norden: Für das stille Glück darüber, dass sich die Niederung wieder neu, wie jedes Jahr, mit Licht füllt.

Wichtiger Hinweis: Alle heimischen Orchideenarten sind nach der Bundesnaturschutzverordnung streng geschützt und dürfen weder gepflückt noch ausgegraben werden.

Parasit: Die in Buchenwäldern heimische Vogel-Nestwurz bildet kein Chlorophyll aus. An Energie gelangt die Pflanze, indem sie alle lebensnotwendigen Nährstoffe aus einem Pilz schmarotzt.

Ohne *Pilze* kann keine *Orchidee* gedeihen: Selbst ihre Samen brauchen Assistenz

treibt: Selbst auf Straßenbanketten blühen die Knabenkräuter, jedenfalls wenn Ämter die Straßenränder nicht neurotisch sauber halten und golfplatzkurz stutzen. Warum sind dann die Orchideen selten geworden?

Wie die meisten raren Pflanzen vertragen Orchideen keine radikal aufgeräumten Landschaften – und keine Überfütterung. Sie gedeihen vor allem, wenn die Böden mager sind – schlecht gedüngt und karg. Sind Stickstoff und Phosphat in Hülle und Fülle vorhanden, wie heute auf Nutzflächen und auch an Straßenrändern, wuchert schnellwüchsiges Allerweltskraut so üppig, dass die Orchideen absterben. Nur wenn die Bedingungen hart sind, können die Prachtgewächse ihre Fähigkeiten ausspielen.

In meinem Bruchwald wachsen die Knabenkräuter also nicht obwohl, sondern weil er wenig Nährstoffe bietet. Auch Sonnenlicht ist unter dem schattigen Blätterdach Mangelware. Aber Orchideen haben andere Wege gefunden, sich mit Nährstoffen zu versorgen: Sie lassen sich von Pilzen füttern.

Die exotischen Blütenpflanzen verlassen sich in ihrer Existenz ganz auf das „Wood Wide Web" – das Gewebe aus feinsten Pilzfäden und Pflanzenwurzeln, das den Boden durchzieht, alle Gewächse miteinander verbindet und an den Kontaktstellen den Austausch von Nährstoffen und Wasser ermöglicht. Was die Blume nicht an eigenen Kohlehydraten herstellen kann, gibt ihr dieses Pilzgeflecht ab.

Ohne passende Pilze kann keine Orchidee existieren. Selbst ihre Samen keimen nur mit Pilzassistenz. Weil sie keine Speicherstärke enthalten, sind diese Samen winzig – so staubfein wie bei anderen Pflanzen der Pollen. Sie keimen nur, wenn ein Mycelfaden in das Pflanzengewebe eindringt. Die junge Orchidee muss „infiziert" werden, um sich zu entwickeln. Mit Botenstoffen steuert das Pflänzchen das Wachstum des Pilzes in seinem Inneren und sorgt dafür, dass er es nicht auffrisst, sondern Nahrung anliefert.

Raffinierter Blütenbau

Auch für die Bestäubung nehmen Orchideen Frondienste fremder Arten in Anspruch. Hier müssen vor allem Insekten Hilfestellung leisten.

Die Blüte des Gelben Frauenschuhs etwa ist so ausgebildet, dass anfliegende Wildbienen in einen bauchigen Kessel im Inneren fallen. Dessen Wände sind so glatt, dass die Tiere nicht mehr nach oben krabbeln können. Der einzige gangbare Weg führt zu einer halbverborgenen, engen zweiten Öffnung. Während sich die Hautflügler dort hinausquetschen, streifen sie sich ein Pollenpaket über. Das werden sie erst wieder los, nachdem sie in der nächsten Blüte erneut durch einen engen Schlitz geflohen sind. ➳

Besonderheit: Orchideen besitzen Merkmale, die keine andere Pflanzenfamilie zeigt. Die Blütenknospen ragen in der Regel zuerst nach oben. Blühen sie auf, neigen sich die Blüten um 180 Grad.

Variation: Die Pflanzengruppe offenbart überaus vielfältige Erscheinungsformen. Die kleinsten Orchideenblüten sind nur einige Millimeter groß, die größten bis zu 20 Zentimeter.

Exotische Pracht
In feuchten Nebelwäldern Panamas blüht Masdevallia, eine Orchidee, die auf den Ästen von Bäumen gedeiht

Farbwunder
Bis zu 60 Zentimeter hohe Triebe bildet die in Australien heimische *Diuris magnifica* aus

Vogeltauglich
Manche tropische Orchideen wie die der Gattung Ellanthus werden von Kolibris bestäubt, die den Nektar schlürfen

Asiatische Verlockung
Bis zu acht Blüten pro Stiel bildet *Paphiopedilum lowii* aus, die in Südostasien heimisch ist

Holunder-Knabenkraut
Die seltene Orchidee gedeiht selbst in Höhen von mehr als 2000 Metern

Frauenschuh
Die gelb blühende Schönheit kann bei günstigen Bedingungen mehr als 100 Jahre alt werden

In Deutschland blühen
90
verschiedene Orchideen

Sumpf-Stendelwurz
Die bis nach Asien verbreitete Orchidee bevorzugt feuchte, ungedüngte Standorte

Kleines Knabenkraut
Diese Orchidee braucht ungedüngte Wiesen, auf denen sie als eine der ersten Pflanzen im Frühling erblüht

Die Stacheln bestehen vor allem aus Keratin, das auch die Grundsubstanz von Haaren und Nägeln bildet

Seine Ohren sind zwar klein, aber ungemein empfindli ch: Selbst sehr hohe Töne etwa von Insekten erfassen sie

Die Nase ist stets feucht, oft tropft sie sogar, wenn der Igel neue Eindrücke erschnuppert

Früh aufstehen liegt ihm nicht. Erst wenn es dämmert, wird er munter und kommt aus seinem Versteck

Ganz klar, welchen Zweck die vielen Mini-Speere haben, die in der zähen Haut am Rücken und an den Flanken eines Igels stecken: Sie dienen der Verteidigung. Jeder Stachel wird durch einen eigenen einzelnen Muskel angelegt oder aufgerichtet. Fühlt sich der scheue Einzelgänger bedroht, greift ein Hochklapp- und Einrollprogramm – wie eine uneinnehmbare Festung präsentiert sich dann das Stacheltier.

Erstaunlicherweise kommt der kleine Säuger mit seinem Stachelkissen auf dem Rücken bereits zur Welt. Zunächst ist es jedoch in mit Körperflüssigkeit aufgequollene Haut eingebettet, sodass der Geburtsgang der Igelmutter keinen Schaden nimmt. Wenige Stunden nach der Geburt spitzen dann die Babystacheln hervor, rund 100 an der Zahl. Klein, vergleichsweise weich und weiß sind sie, beim besten Willen noch nicht geeignet, allzu schmerzlich zu stechen.

Doch vom zweiten Lebenstag an sprießen bereits härtere Spieße – und die Erstlingsstacheln fallen nach und nach aus. Bis die Jungigel ihr endgültiges Haarkleid entwickelt haben, dauert es aber noch.

Nach etwa vier Wochen, wenn die Kleinen längst erste Ausflüge mit ihrer Mutter in die Nachbarschaft des Nests unternommen haben, werden sie nervös und unruhig. Man kann dann beobachten, wie sie sich ständig kratzen und ihren Körper an festen Gegenständen scheuern. Dabei verlieren sie die zweite Generation Pikser. Zeitgleich wachsen ihnen die etwa zwei bis drei Zentimeter langen, dunkelbraunen Erwachsenenstachel. Ausgewachsene Exemplare tragen etwa 8000 davon. Kein Marder würde nun mehr einen Angriff auf sie wagen.

Aber auch sonst kann die wehrhafte Konstruktion lebensrettend sein: Mit seinem Stachelpanzer federt ein Igel Stürze aus einiger Höhe problemlos ab. ●

Deutschlands

Auf den Wiesen entfaltet sich im Frühling und Sommer eine wahre Blütenpracht

Den Nordwesten des Nationalparks Eifel – ein 2004 gegründetes Schutzgebiet – begrenzt ein von Wald umwachsener Stausee

wilder Westen

Burgen und Vulkane, Wildkatzen und Wölfe, riesige Wälder und ein sternenklarer Himmel: Mit ihrer spektakulären Landschaft und ihrer bewegten Geschichte ist meine Heimat, die Eifel, ein besonderer Reisetipp für jeden Naturliebhaber

Text: Peter Wohlleben

Das ist die Gegend, in der ich aufgewachsen bin und die ich wegen ihrer rauen Natur liebe

Mehr als
10 000
Arten leben im Nationalpark Eifel

Wer die Natur geduldig beobachtet, kann mit Glück seltene Tiere erblicken

Ich genieße die Ruhe und die Einsamkeit, den Wald und das Zwitschern der Vögel: Hier lässt sich's wunderbar entschleunigen!

Im Nationalpark sollen mehr und mehr Wälder sich selbst überlassen werden, die Natur wieder ihren ursprünglichen Charakter entwickeln

Bis zu
15
Jahre alt kann ein Dachs werden

Sehenswürdigkeit: Seit mehr als 850 Jahren prangt die weltberühmte Burg Eltz in einem lauschigen Eifeltal

Auf Waldlichtungen sammelt sich zuweilen Rotwild – einst waren die beeindruckenden Hirsche Steppenbewohner

Die Eifel zählte vor Jahrzehnten zu den letzten Rückzugsräumen für die scheue Wildkatze, die heutzutage wieder weiter verbreitet ist

Als Mittelgebirge erstreckt sich die Eifel auf einer Fläche von mehr als 5000 Quadratkilometern in Nordrhein-Westfalen und Rheinland-Pfalz

Im flachen Wasser zwischen Steinen und Schlick steigen Gasblasen in kleinen Ketten auf. Es handelt sich um CO_2, und damit ist klar: In relativ geringer Tiefe existiert ein Magmareservoir. Willkommen in der Eifel, dem Land der Vulkane! Es ist die Landschaft, in der ich aufgewachsen bin und die ich wegen ihrer rauen Natur liebe. Im Osten dieses Mittelgebirges reihen sich über 100 erloschene Feuerberge in der Landschaft; praktisch jeder war einst aktiv. Manchmal formen sich diese Berge zu Ringwällen. Der größte von ihnen, heute der Laacher See, gilt als immer noch aktiv. Darauf weisen neben dem Kohlendioxid kleinere Erdbeben hin.

Bei seinem größten Ausbruch vor 12 900 Jahren schossen sechs Kubikkilometer Magma empor; die Asche flog bis nach Schweden und Norditalien. Der letzte Ausbruch fand vor 11 000 Jahren statt, doch keine Sorge: Aktuell scheint der Riese zu schlummern. Ein Besuch des gut drei Quadratkilometer großen Sees mit seiner fast tausendjährigen Benediktinerabtei Maria Laach lohnt sich also – vor allem im Herbst und Winter. Da der See selbst bei strengem Frost nicht zufriert, können hier das ganze Jahr über seltene Vögel wie der Haubentaucher beobachtet werden.

Touristische Hotspots findet man in dem riesigen Mittelgebirge ansonsten selten, obwohl die Landschaft geradezu zu Touren einlädt. Die Berge und Bachtäler sind meist menschenleer und bieten sich zur perfekten Entschleunigung an.

Die großen Wälder, meist kaum älter als 70 Jahre, zeugen von einer ganz anderen Geschichte: die der Armut. Hunger verträgt sich nicht mit Wald, weil dieser Boden bedeckt, den man auch landwirtschaftlich nutzen kann. Zwar begannen die Preußen im 19. Jahrhundert, die karge Landschaft massiv aufzuforsten, doch die Bauern stellten sich dem entgegen.

Offener Widerstand war zwecklos, aber die zu Frondiensten eingespannte Bevölkerung trickste die grünen Beamten aus. Das Saatgut, das zur Wiederbewaldung ausgegeben wurde, erhitzte man nachts heimlich auf der Herdplatte. So konnten die Helfer am nächsten Tag fleißig vorgeben, neuen Wald anzulegen.

Auf zu einer wunderbaren Wanderung!

Spuren der Besiedlung

Die Böden waren ertragsschwach und wurden meist als Weide genutzt, mit viel zu hohem Viehbestand. In der Folge verarmten die obersten Schichten: Es entwickelten sich überall riesige Heidelandschaften. Brennholz war demzufolge Mangelware, weshalb die nachwachsenden Bäume schon nach wenigen Jahrzehnten abgeholzt wurden. Aus den Baumstümpfen trieben die Eichen und Hainbuchen erneut aus, oft mit vielen Stämmchen. Das ist etlichen Laubwäldern bis heute anzusehen, da diese Praxis erst weit nach dem Zweiten Weltkrieg aufgegeben wurde. ➳

Ausflugstipp: Die Nationalparkverwaltung bietet zahlreiche von Rangern geführte Wanderungen an – kostenfrei und ohne Anmeldung. Mehr Infos unter: nationalpark-eifel.de

Besonderes Vergnügen: Sommers darf in einigen Vulkanseen (auch Maare genannt) gebadet werden – so im Meerfelder Maar, Pulvermaar, Schalkenmehrener und Gemündener Maar.

Bis in den Juni hinein blüht der Bitterklee, der vor allem auf sumpfigem Boden gedeiht

Teils prägen enge Schluchten und Steinbrüche den felsigen Grund

Baummarder sind gewitzte Räuber, die hervorragend klettern können

Der Laacher See füllt den Krater des größten Eifel-Vulkans. An dessen Rand: die hochmittelalterliche Klosteranlage Maria Laach

Waschbären stammen ursprünglich aus Nordamerika, heute sind sie auch in der Eifel zu Hause

Mein Blick schweift über die Landschaft, und ich spüre Glück

Neben Wäldern prägen weitläufige Wiesen das Landschaftsbild

Aus manchen Gewässern in der Eifel steigen Blasen auf: Kohlendioxid, das auf vulkanische Aktivität im Untergrund hindeutet

Der von Wald umringte Rursee bietet wunderbare Gelegenheiten zum Wandern und Radfahren

Vor **45** *Millionen Jahren begann der Vulkanismus in der Eifel*

Kunstdünger verwandelte die Heideflächen seitdem wieder in sattgrüne Wiesen und fruchtbare Äcker, und eine große Aufforstungswelle, oft mit Fichten, erhöhte die Waldfläche enorm. Manche Landstriche weisen nun 70 Prozent Waldbedeckung auf, Werte, wie sie sonst eher in Schweden zu finden sind. Ähnliches gilt für die Bevölkerungsdichte, die vielfach unter 30 Einwohnern pro Quadratkilometer liegt. Kein Wunder, dass sich hier gefährdete Tierarten ganz besonders wohlfühlen.

Zum Beispiel die Wildkatze. Die Eifel zählte vor Jahrzehnten zu den letzten Rückzugsräumen; hier hatte die einzige stabile Population Mitteleuropas überlebt.

Auch der Schwarzstorch kam schon in den 1990er Jahren zurück. Der scheue Waldbewohner braucht zum Brüten alte Bäume mit starken Seitenästen, auf denen er sein schweres Nest platzieren kann. Selbst wenn er auf Störungen im Brutgeschäft sehr sensibel reagiert, können die Jungstörche mitunter fast zutraulich werden. So landeten einmal drei Jungstörche in einem Baum an unserem Forsthaus.

Geschichtsträchtige Namen

Liebliche Waldbäche, wie etwa der Armuthsbach, mäandern ohne begleitende Straßen durch die Täler. Der Name zeugt ebenfalls von der zuvor beschriebenen Situation der Landbewohner, die durchaus Humor bewiesen. So heißt eine Gemarkung „Em Dünndrisser". Das Bächlein eignete sich offenbar nicht zum Durststillen, sondern erzeugte eine Eifeler Variante von Montezumas Rache.

Wenig Humor im Umgang mit Nadelbäumen versteht die Verwaltung des Nationalparks, der im Jahre 2004 eingerichtet wurde. Wie vielerorts in Deutschland war nur ein Teil der Flächen halbwegs naturnah, etwa die Buchen- und Eichenwälder im Kermeter, einem Höhenzug am Rurstausee.

Das Gros der Wälder bestand aus Fichte, Kiefer und Douglasie, drei hier nicht heimischen Nadelbäumen. Und wie in anderen Nationalparks üblich, wurden sie in großen Kahlschlägen mit schweren Erntemaschinen abgeräumt. Dabei wurde der empfindliche Boden geschädigt, zudem die natürliche Entwicklung zurückgeworfen.

Hier offenbart sich das typische Dilemma: Im Gegensatz zu Naturschutzgebieten, die gepflegt werden dürfen, wird in einem Nationalpark der vom Menschen ungestörte Prozess geschützt. Hier soll die Natur selbst entscheiden, wo es langgeht.

Dazu gehört auch, dass naturferne Nadelholzplantagen vom Borkenkäfer aufgefressen werden und sich von allein ein heimischer Wald einstellt, selbst wenn dies Jahrhunderte dauern sollte. Doch weil Menschen ungeduldig sind, werden Kompromisse gemacht.

Auszeichnung: Der Natur- und Geopark Vulkaneifel hat im November 2015 die Anerkennung als UNESCO Global Geopark erhalten und ist damit vergleichbar mit einer Welterbestätte.

Buchempfehlung: Der »Wanderführer Eifel« (Bergverlag Rother) stellt die 70 schönsten Tal- und Höhentouren vor, auf denen sich der vielältige Reiz des Mittelgebirges erkunden lässt.

Eine der häufigsten Eulenarten der Eifel ist der rund 40 Zentimeter große Waldkauz

Um den internationalen Kriterien zu entsprechen, müssten im Nationalpark 75 Prozent der Flächen sich selbst überlassen werden. Da man aber in weiten Teilen noch Holzernte und Wiederaufforstung betreiben wollte, wurde der Park als Entwicklungs-Nationalpark deklariert. Erst in 30 Jahren, so die Regel, muss dann die erforderliche Fläche unter Schutz stehen.

Bis dahin können große Teile „gepflegt" werden, de facto findet also Forstwirtschaft statt. Das erboste einen der Initiatoren des Parks, den Naturschützer Volker Hoffmann, so sehr, dass er schon 2008 seine Nationalparkämter niederlegte.

Die Natur muss warten

Zur Ehrenrettung der Eifel muss man sagen: Ähnliches geschah auch im Harz, im Hunsrück und im Bayerischen Wald, ebenfalls von Fichtenplantagen dominierten Nationalparks. Dennoch ist in dem großen Schutzgebiet nicht alles verloren – Natur ist geduldig, auch wenn sie auf Teilflächen noch ein paar Jahre auf ihre freie Entfaltung warten muss.

Mittlerweile hat sich immerhin der erste Wolf im Gebiet dauerhaft niedergelassen. Kein Wunder, liegt doch neben dem Nationalpark, einem ehemaligen Truppenübungsplatz, in der Nachbarschaft das Hohe Venn. Das grenzüberschreitende Hochmoor im Dreieck Niederlande, Belgien, Deutschland sichert dem grauen Gesellen gute Rückzugsmöglichkeiten.

Insgesamt bietet die Eifel mit über 5000 Quadratkilometer Größe sicher etlichen Rudeln einen Lebensraum.

Auch Hobbyastronomen finden hier ihr Glück. Die dünne Besiedelung führt dazu, dass es noch stockdunkle Nächte gibt, in denen die ganze Pracht des Sternenhimmels zu sehen ist. So wurde der Nationalpark Eifel 2014 als eines der ersten Gebiete Deutschlands als Dark Sky Park ausgewiesen, weil die Lichtverschmutzung hier besonders gering ist.

Die Milchstraße, das blasse Himmelsband, welches nur unter solchen Bedingungen eindrucksvoll am Nachthimmel auftaucht, können Sie aber auch in vielen anderen Eifelregionen in jeder Nacht sehen – falls das Wetter mitspielt.

Deutschlands wilder Westen, er ist also für all jene eine Reise wert, die Ruhe, Einsamkeit und saubere Luft zu schätzen wissen.

Auf grazilen Schwingen durch den Sommer

Jagen, Fressen, Flirten: Alles, was zählt in ihrem kurzen Erwachsenenleben, absolvieren Libellen im Flug. Jetzt, in der warmen Jahreszeit, lassen sich die erstaunlichen Luftlebewesen allerorten an Teichen und Tümpeln entdecken

Text: Anke Sparmann

Die dunklen Flügelspitzen sind namensgebend für diese Art: Spitzenfleck

Zum Abheben bereit ist diese Westliche Keiljungfer, deren Flügel sich bis zu 70 Millimeter weit spannen

Rund
80
Libellenarten leben in unseren Breiten

Die Blaugrüne Mosaikjungfer zählt zu den häufigsten Libellenarten Europas – anzutreffen an stehenden und langsam fließenden Gewässern

»Glänzender Schönflügel« bedeutet der lateinische Name der Gebänderten Prachtlibelle – ihr gaukelnder Flug ist unverkennbar

Was für eine funkelnde, zuckende Pracht!

Wendig genug, um Fluginsekten zu fangen: der Bienenfresser

Ein Vierfleck auf Spähposten: Diese Libellenart bevorzugt pflanzenreiche Weiher (hier in Brandenburg) und tritt zuweilen in Schwärmen auf

D

Der Klassiker unter den Libellensichtungen: Du stehst am Gartenteich, sie gaukelt vorüber. Gerade noch bestaunst du ihre hauchzarten Flügel, den schlanken, eleganten Körper, die blaugrün schillernde Gesamterscheinung. Dann, schneller, als deine Wimper schlägt, ist sie wieder fort.

Wer an Tiere denkt, die fliegen können, dem fallen Adler, Schwalben, Spatzen ein, vielleicht auch Bienen, Mücken, Schmetterlinge. Mehr als jeder Vogel aber, mehr als jedes andere Insekt ist die Libelle ein Lebewesen der Luft. Ihre sechs Beine? Braucht sie, um Beute zu greifen oder sich an eine Binse zu klammern. Zum Laufen eignen sie sich kaum. Alles, was ihr Erwachsenenleben ausmacht, kann sie im Flug absolvieren: die Jagd, das Fressen und – genau – den Sex.

Schnell wie 100-Meter-Läufer

Der Flugapparat der Libellen gehört zu den großen Wundern der Natur, seit vielen Jahrzehnten studieren ihn Biologen, beobachten und vermessen seine Leistungen. Deshalb wissen wir etwa, dass Libellen in kurzer Zeit Geschwindigkeiten von zehn bis 15 Metern in der Sekunde aufnehmen. Sie sind also so schnell wie sportliche 100-Meter-Läufer. Einige Libellen können in der Luft stehen wie ein Hubschrauber, blitzschnell wenden und sogar rückwärts fliegen. Möglich sind diese Manöver, weil ihre Muskeln – im Unterschied zu jenen aller anderen Fluginsekten – so entwickelt sind, dass sie jeden ihrer vier Flügel einzeln bewegen können.

Die Libelle an deinem Gartenteich? Wahrscheinlich handelt es sich um eine bei uns sehr verbreitete Art: die Blaugrüne Mosaikjungfer. In unseren Breiten kommen rund 80 verschiedene Libellenspezies vor. Die Wissenschaft unterscheidet Kleinlibellen, deren Flügelspannweite in Europa maximal 70 Millimeter beträgt, und kräftiger gebaute Großlibellen. Einige sind sehr selten, sie stellen spezielle Ansprüche an ihren Lebensraum. Die Grüne Mosaikjungfer beispielsweise sticht ihre Eier ausschließlich in die Blätter der Krebsschere ein; die Schwimmpflanze wiederum wächst außer in Gartenteichen nur in sehr sauberen, stehenden Gewässern. Mit anderen Worten: in freier Natur kaum noch irgendwo.

Eines Sommertags stehst du wieder im Garten und bemerkst: Wo gestern nur wenige Individuen unterwegs waren, wimmelt es plötzlich von Libellen. Was für eine funkelnde, zuckende Pracht!

Bei vielen Arten schlüpft rund die Hälfte der Individuen einer Generation am selben Tag. Der Massenstart in dieses Lebensstadium minimiert für das einzelne Tier das Risiko, zur Beute zu wer-

Vielfalt: Schätzungsweise 7000 Arten zählen zur Ordnung der Libellen. Die meisten Spezies sind in den Tropen beheimatet.

Reiselust: Einige können große Distanzen überwinden – es gibt eine Art, die gar zwischen Mexiko und den USA pendelt.

Kannibalismus: Ein Feind der Libelle ist die Libelle selbst. Einige Arten attackieren kleinere Spezies, selten auch Artgenossen.

Es mangelt nicht an potenziellen Partnern!

Ihr »Paarungsrad« bilden Keiljungfern über dem Wasser, beendet wird der Sex in der Ufervegetation

Verschlungen

Jeder Flügel der räuberischen Luftvirtuosen ist von einem filigranen Netz feiner Adern durchzogen

Bis zu

6

Stunden lang paaren sich manche Arten

den. Denn in den ersten Stunden ihres Erwachsenendaseins sind Libellen am verletzlichsten: während des Schlupfes und in den Stunden danach beim Aushärten, beim noch unsicheren Jungfernflug.

Bis eine Libelle geschlechtsreif wird, vergehen einige Tage. Die Insekten legen in dieser Periode an Gewicht zu. Besonders die Weibchen brauchen viel Energie, um Eier zu produzieren. Dann beginnt die Zeit der Paarung – und einmal mehr erweist sich das synchronisierte Erwachsenwerden als vorteilhaft: Es mangelt nicht an potenziellen Partnern.

Kräftezehrender Sex

Die Geschlechter treffen sich am nächsten Gewässer. Hier wird das „Wer mit wem?" ausgehandelt, hier geht es, im Wortsinn, rund: im „Paarungsrad". So heißt die Figur, die zwei kopulierende Libellen bilden. Großlibellenmännchen packen dazu zunächst das Weibchen mit Anhängen ihrer Hinterkörper am Hinterkopf, Kleinlibellen hingegen halten sich an der Vorderbrust. Kompliziert wird diese Angelegenheit dadurch, dass das Männchen über zwei Geschlechtsapparate verfügt: Im hinteren Segment seines Körpers reifen die Spermien.

Vor der Vereinigung muss er sie zu seinem Penis in der Körpermitte befördern. Erst wenn das erledigt ist, dockt das Weibchen mit seinem Genital an. Bei manchen Libellenarten dauert der Paarungsakt bis zu sechs Stunden.

Der lange Sex, die Fliegerei: Das kostet viel Kraft. Libellen sind reine Fleischfresser, und fast ausschließlich erbeuten sie ihre Nahrung im Flug. Das schließt die Fähigkeit ein, lange genug in der Luft zu stehen, um Insekten aus Spinnennetzen zu räubern.

Gewöhnlich fangen Libellen Fliegen und Mücken. Neben ihrem Flug hilft ihnen dabei ihr außerordentlich gutes Sehvermögen. Die Facettenaugen bestehen bei Großlibellen aus bis zu 30 000 Einzelaugen, die ihnen Informationen aus einem fast 360 Grad großen Winkel liefern. Libellen fangen Fliegen wie wir einen Ball – indem sie die Flugbahn ihres Zielobjekts berechnen sowie den Moment, in dem sie mit ihm zusammentreffen. Erfolgsquote: 95 Prozent! Zum ➻

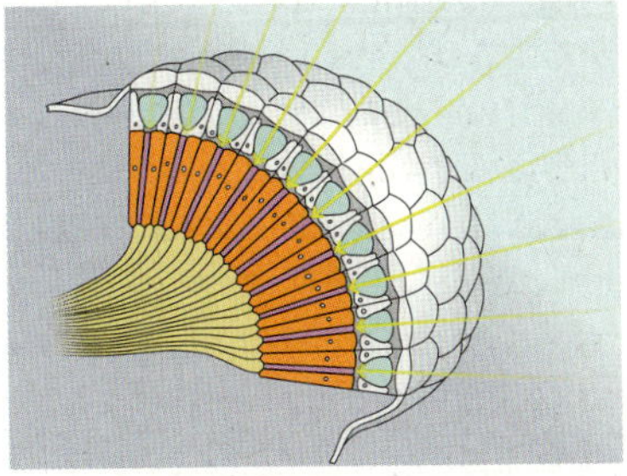

Facetten-Blick

Die Komplexaugen von Libellen umfassen bis zu 30 000 Einzelaugen – jedes davon vermittelt einen Seheindruck

Von Tau benetzt: eine Gemeine Binsenjungfer

URZEIT

Die riesenhaften Ahnen

Libellen erheben sich seit Abermillionen von Jahren in die Lüfte – besondere ökologische Bedingungen führten einst dazu, dass sie größer als Tauben wurden

Evolutionsgeschichtlich betrachtet ist der bemerkenswerte **Flugapparat** der Libellen eine sehr alte Erfindung: Vorgänger des heutigen Insekts schwirrten bereits durch die Landschaften des **Karbons**. Wobei der Luftraum damals, also vor mehr als 300 Millionen Jahren, den Ur-Libellen fast allein gehört haben dürfte.

Mit einer Spannweite von rund 70 Zentimetern zählten die damaligen Exemplare außerdem zu den größten Insekten, die je auf der Erde unterwegs waren. Möglich wurde der **Riesenwuchs** durch einen sehr hohen Sauerstoffgehalt in der Luft: Die Wälder des Karbons gaben enorm große Mengen des Gases ab – bis dessen Konzentration in der Atmosphäre bei fast 35 Prozent lag (der heutige Anteil beträgt 21 Prozent). Davon profitierten auch einige **Gliedertiere**, etwa Tausendfüßer, die mit zwei Meter Länge monströse Ausmaße annahmen.

In Kalksteinbrüchen lassen sich fossile Überreste früherer Riesenlibellen finden – viele Millionen Jahre später schnappten auch Saurier nach den Insekten

Zugreifen nutzen sie ihre langen Beine. Ausgestattet mit Dornen, fungieren sie als großer Fangkorb. Mühelos können Libellen damit ihr eigenes Gewicht schleppen.

Im Flug auch werfen die Weibchen vieler Arten ihre Eier ab, du erkennst es an ihren wippenden Bewegungen über deinem Teich.

Unter Wasser beginnt dann eine neue Generation heranzureifen. Die längste Zeit ihres Lebens verbringen die Libellen hier, im Stadium der Larve. In jener Phase ihres Lebens, die nicht der Fortpflanzung dient, sondern dem Wachstum. Wie lange sie dauert? Manchmal nur wenige Monate, manchmal viele Jahre.

Spätsommer. Die Tage werden kürzer, in deinem Garten beobachtest du selten noch eine Libelle. Das Erwachsenenleben der meisten heimischen Arten währt nur etwa zwei Monate, dann sterben sie.

Goethe mag dir einfallen, bei diesen letzten Sichtungen.

„Oh, dass ich in der Nähe doch ihre Farben sähe", notierte er über die schillernde, rastlose Libelle. „Doch still, sie setzt sich an die Weiden. Da hab ich sie! Da hab ich sie! Und nun betracht ich sie genau, und seh ein traurig dunkles Blau."

Vaterschaftstest: Bevor die Männchen ein Weibchen begatten, beseitigen sie zunächst das Sperma eines etwaigen Vorgängers.

Lauerjäger: Einige Arten legen ihre Eier in Wasserpflanzen ab – und laufen dabei Gefahr, von Fröschen geschnappt zu werden.

Artenschwund: Zwei Drittel aller heimischen Spezies gelten als gefährdet, jede fünfte ist gar vom Aussterben bedroht.

www.naturlich-magazin.de
natürlich
GUT FÜR MICH.
LESERBEFRAGUNG
TEILNEHMEN UND TOLLE PREISE GEWINNEN
JETZT IN ALLEN TEILNEHMENDEN REFORMHÄUSERN
IN HARMONIE
Rotklee ist nur eine von zahlreichen Heilpflanzen, die ausgleichend auf unser Hormonsystem wirken können.
GENUSS
So kreativ ist die vegane Küche
BALANCE
Ayurveda für Körper und Seele
SCHÖN
Kosmetik nachhaltig verpackt
MAI/JUNI 2020

Warum bekommt das *Edelweiß* keinen Sonnenbrand?

Text: Sebastian Witte Illustration: Hendrik Gheerardyn

Eigentlich müsste die berühmte Gebirgspflanze in großer Höhe eingehen – zu intensiv ist dort die UV-Strahlung. Doch das Edelweiß hat eine höchst raffinierte Methode entwickelt, um die schädlichen Strahlen abzuwehren

Das Gebirge ist für Pflanzen in vielerei Hinsicht ein extremer Lebensraum: Karge Böden, scharfe Winde und Temperaturstürze fordern die Gewächse heraus – zumal sie sich nicht vom Fleck bewegen und in Schutz bringen können.

Auch die Sonnenstrahlung ist aufgrund der hohen Lagen besonders intensiv. Und eine Bedrohung: Das gleißende UV-Licht kann Zellen schädigen und so Gewebe zerstören. Würde man eine gewöhnliche Zimmerpflanze auf einem Alpengipfel aussetzen, bekäme sie rasch braune Flecken und müsste eingehen.

Nicht so das Edelweiß, das sogar in Höhen bis 3500 Meter seine makellos grünen Blätter dem Licht entgegenstreckt. Denn die zarte Bergpflanze hat einen höchst raffinierten Sonnenschutz hervorgebracht. Er besteht aus winzigen weißen Härchen, die auf den Blättern und dem Stängel des widerspenstigen Zwergs wachsen. Die rillenartige Struktur der Härchen besteht aus parallel angeordneten Fasern von gerade einmal 0,18 Mikrometer Durchmesser. Damit sind sie mehr als 600-mal dünner als ein menschliches Kopfhaar und perfekt auf die Wellenlänge von ultraviolettem Licht abgestimmt. Trifft Sonnenlicht auf den Flaum, lenken die Fasern die Strahlung gewissermaßen um und schwächen sie ab. Was beim Menschen einen Sonnenbrand verursacht, prallt am Edelweiß einfach ab. Trotzdem gelangt genügend Licht durch den Haarflaum, um den Stoffwechsel der Pflanze zu ermöglichen.

Wer den Überlebenskünstler in freier Wildnis bestaunen möchte, sollte nach kalkhaltigem Untergrund Ausschau halten: Mit seinen tiefen faserigen Wurzeln krallt er sich bevorzugt in Felsspalten und auf Steinmatten fest. Doch bloß nicht danach greifen: Seit 1886 steht das Edelweiß unter Naturschutz.

Und bleibt seither nicht nur von der Sonne, sondern auch von manchem Langfinger verschont. ●

Saugut!
Der robuste Rüssel des Schweins ist ein Mehrzweckwerkzeug: Mit ihm kann das Borstentier tasten, wühlen – und hervorragend riechen. So ist das schnüffelnde Organ sogar feiner als das jedes Hundes

Immer den richtigen Riecher!

Ob Rüssel oder Knollen, schmale Schlitze oder kreisrunde Löcher: Die Welt der Tiere hat faszinierend vielfältige Nasen hervorgebracht. Schnüffelnd stöbern sie Futter auf, wittern Feinde, finden einen Partner. Und nehmen dabei teils Düfte wahr, die wir gar nicht riechen können

Text: Anke Sparmann

Nasenvielfalt

Elche (oben) erspüren mit ihren weichen Nüstern vielfältige Reize – zum Beispiel Hormone von Artgenossen.

Adler (links) galten lange Zeit als schlechte Schnüffler. Doch 2014 fanden Forscher im Erbgut eines Greifvogels zahlreiche Riechgene.

Rinder (rechts) besitzen einen sehr ausgeprägten Geruchssin: So erkennen sich Kuh und Kalb bereits Stunden nach der Geburt am Duft

Elche können Winterluft mithilfe ihrer gut durchbluteten ***Schleimhäute*** um bis zu 15 Grad Celsius erwärmen

Rund **8 Mio.**
Tierarten gibt es
nach Schätzungen und wohl
ebenso viele Riechorgane

1

2

Mehr als 24 Stunden halten Duftmarken, mit denen Kater ihre Reviere markieren

3

Aus Geruchsstoffen eine ***Information*** zu gewinnen ist ein komplexer Prozess: ein Wunder der Evolution

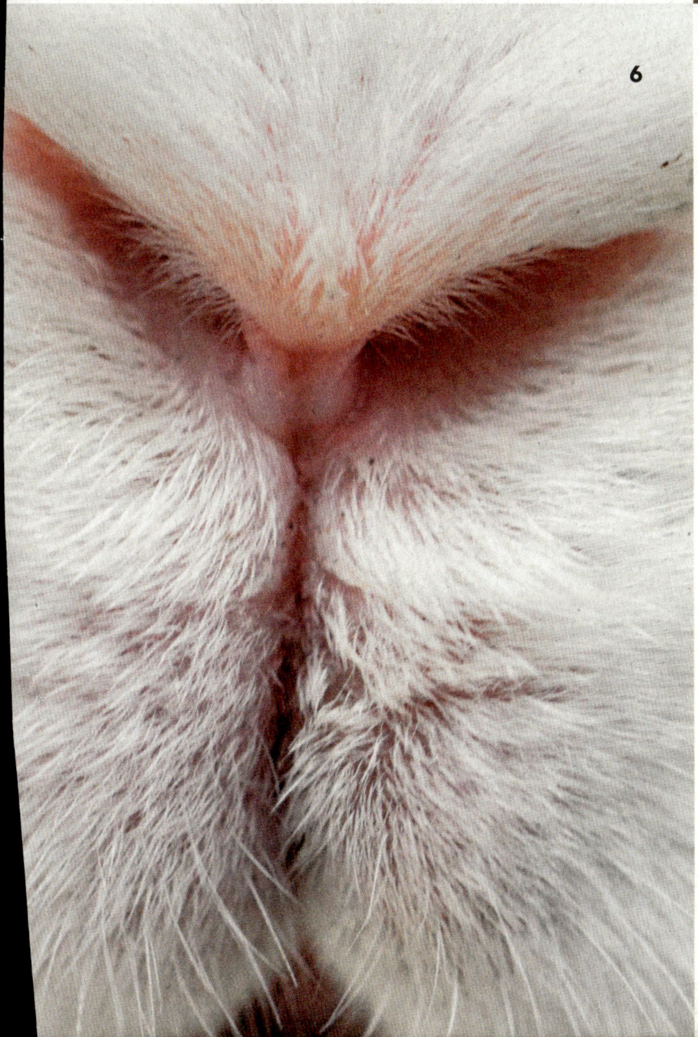

Gute Schnüffler

Hunde (1) riechen so gut, dass sie mentale Duftbilder in ihren Köpfen erzeugen.

Katzen (2) folgen Duftmarken, die andere Katzen hinterlassen.

Maulwürfe (3) vermögen räumlich zu riechen – und stöbern so ihre Beute auf.

Frösche (4) erkennen Artgenossen und potenzielle Partner am typischen Duft.

Pferde (5) erschnüffeln am Kot, ob ein anderes Pferd Freund oder Feind ist.

Kaninchen (6) verströmen Duftstoffe, die Auskunft geben über ihr Alter, Geschlecht und Rang.

Hunde haben

40

Mal so viele Riechzellen wie wir

1 Tropfen Blut in einem Schwimmbecken genügt dem feinen Riecher eines Hais

Die Exoten

Der Mandrill (1) signalisiert mit seiner leuchtend roten Nase: Ich bin der Chef!

Elefanten (2) nutzen ihren Rüssel bei Tauchgängen gern als Schnorchel.

Antilopen (3) wittern mit ihren Riechern, ob ein Raubtier in der Nähe ist.

Fledermäuse (4) wie die Hufeisennase senden durch ihre Nase Ultraschall-Rufe aus, mit denen sie Beute orten.

Lamas (5) kommunizieren untereinander zum Teil durch geheime Duftbotschaften.

W

Wenn es um die wichtigen Dinge des Lebens geht – Futter finden, Partner suchen, Feinde wittern –, vertrauen die meisten Tiere ihrem Riechvermögen. In einem Ozean von Luft nehmen sie flüchtige gasförmige Moleküle wahr und entschlüsseln ihre Botschaft.

Daher hat die Natur ihnen eine erstaunliche Vielfalt von Riechern mit auf den Weg gegeben. Knollen, Rüssel, Nüstern, blütenartige Gebilde oder schlichte Schlitze.

Aus Geruchsstoffen wie dem Duft einer Frucht eine Information zu gewinnen ist ein komplizierter Prozess. Und so bildet das eigentliche Wunder der Evolution nicht das Nasenäußere, sondern ihr Inneres.

Eine Schlüsselrolle spielen dabei die Geruchsrezeptoren. Bei Säugetieren – auch bei uns – befinden sie sich an Nervenenden innerhalb der Nase. Die Rezeptoren binden bestimmte Duftmoleküle und aktivieren Nervenzellen, die dann das Signal an spezialisierte Hirnregionen weiterleiten.

Viele Tierarten besitzen kompliziert gefaltete und eingestülpte Schleimhäute, um möglichst viele Rezeptoren unterzubringen. Unsere Riechschleimhaut hat eine Oberfläche von rund fünf Quadratzentimetern; Hundenasen warten bereits mit dem Fünffachen auf.

Die Baupläne für die Geruchsrezeptoren liegen auf bestimmten Genen. Deren Anzahl unterscheidet sich von Art zu Art.

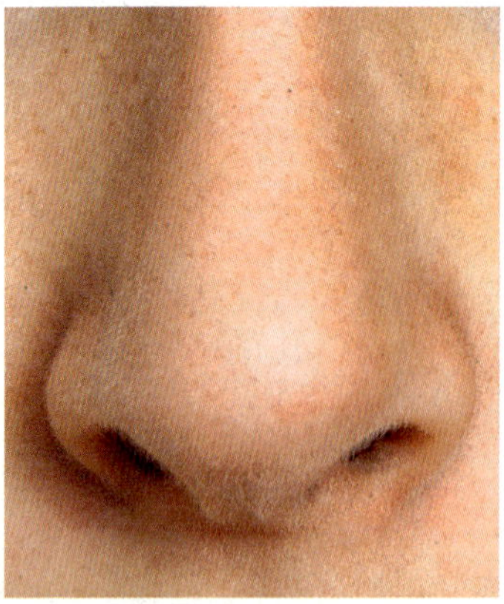

Der menschliche Geruchssinn ist dem vieler Tiere ebenbürtig; Vermutlich können wir eine Milliarde Gerüche unterscheiden

Welches Säugetier besitzt die meisten Riechgene? Einer Studie nach belegen die hinteren Ränge Primaten. Orang-Utans, Schimpansen und Menschen haben 300 bis 400 Riechgene. Ratten und Mäuse – oft im Dunkeln unterwegs und deshalb auf ihre Nase angewiesen – besitzen über 1000 Riechgene. Und Elefanten haben beinahe 2000 Riechgene.

Doch natürlich taugt so eine Nase nicht nur zum Schnuppern. Im Laufe der Evolution hat sie allerlei Zusatzfunktionen übernommen. Schweine wühlen mit ihren Rüsseln im Schlamm, manche Fledermäuse stoßen Ultraschalllaute mit ihrer Nase aus, Elefanten tasten, greifen, saugen Wasser an und schleudern sich Staub als Sonnenschutz auf ihren runzeligen Rücken.

Und Tiere, die in heißen oder kalten Gefilden leben, nutzen ihre Nase oft als Klimaanlage. Sie bringt den Atem auf eine angenehme Temperatur, bevor er in die empfindlichen Lungen strömt.

Bei solch einer Vielfalt kann man sich nur staunend an die eigene Nase fassen.

Ungewöhnlicher Riecher: Es muss nicht immer eine Nase sein, Insekten nutzen beispielsweise ihre Antennen zum Schnüffeln.

Rekord: Der Riechsinn der Aale zählt zu den besten. Sie können den Weg in die Laichgewässer über Tausende Kilometer wittern.

Ältester Sinn: Bevor Lebewesen sehen oder tasten konnten, entwickelten sie die Fähigkeit, chemische Stoffe zu riechen.

Kamele können zum Schutz vor Stürmen in der Wüste ihre ***Nasenlöcher*** zukneifen: So dringt kein Sand ins Riechorgan

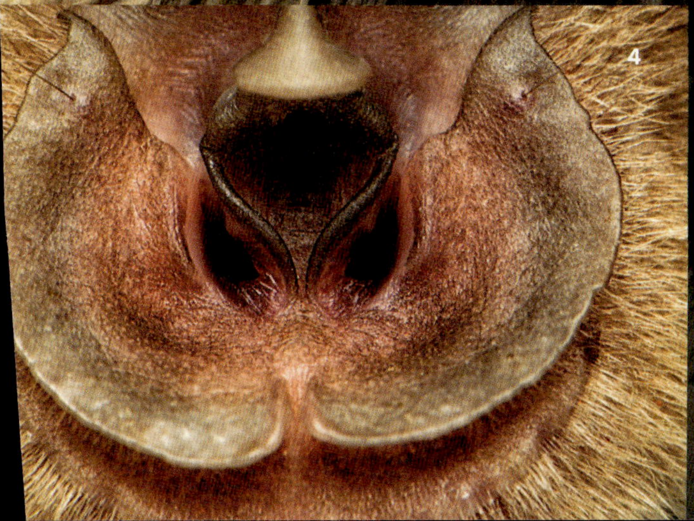

»Nützen Waldbrände

Jedes Jahr neue Schreckensmeldungen: Tausende Quadratkilometer Wald stehen in Flammen! Solche Feuersbrünste, sagen einige, gehörten zum natürlichen Ökosystem. Eine gefährlich falsche Sichtweise

Text: Peter Wohlleben Illustrationen: Julia Pfaller

Im Jahr 2018 wüteten **1708** *Waldbrände in Deutschland*

Wir alle haben noch die verheerenden Waldbrände der letzten Jahre vor Augen. Ob Sibiriens rauchende Taiga, ob Kaliforniens Feuer, denen auch Tausende Häuser zum Opfer fielen, Australiens Buschbrände, die sich auf einer Fläche von über 120 000 Quadratkilometern ausdehnten oder Brasiliens Regenwälder, bei denen Profitgier von Großgrundbesitzern im Vordergrund stand: Immer wurden riesige wertvolle Ökosysteme zerstört.

In die Meldungen mischten sich jedoch auch mahnende Stimmen, die bemerkten, dass Waldbrände bis zu einem gewissen Ausmaß zum Ökosystem Wald dazugehörten. Mit Ausnahme des Regenwaldes sei ganz im Gegenteil der Brandschutz der letzten Jahrzehnte, bei dem jedes Feuer unterdrückt worden sei, Ursache für die derzeitigen Megabrände. Es hätte sich so viel Reisig am Boden angesammelt, dass die Flammen nun viel zu viel Nahrung gefunden hätten.

Ich muss diesen Theorien heftig widersprechen. Natürlich gibt es Baumarten, deren Samen nach einem Feuer besser keimen.

Sie gehören zu den Pyrophyten, also den feuerliebenden Pflanzen. So etwa der nordamerikanische Mammutbaum, dessen Rinde dick, weich und vor allem flammhemmend und hitzeisolierend ist. Der Baum selbst mag nämlich gar keine Brände; lediglich seine Samen finden bessere Bedingungen zum Keimen, wenn zuvor ein Bodenfeuer durch den Wald gezogen ist.

Ohne Brand würde es allerdings auch funktionieren, und so stellt sich die Frage, ob der Mammutbaum tatsächlich ein Feuerökosystem braucht oder nur in einem

der Natur?«

Worst-Case-Szenario überleben kann. Sicher gibt es auch Waldbrände mit natürlichen Ursachen, wie etwa Blitzeinschlag. Doch in aller Regel herrscht dann ein Gewitter mit heftigen Regenfällen, die große Feuer unwahrscheinlich machen.

Womöglich haben wir Menschen die Pyrophyten durch unser Zündeln erst so stark gefördert, dass sie mittlerweile große „feuerliebende" Ökosysteme bilden. Australien ist dafür das beste Beispiel.

Vor der Besiedelung durch den Menschen waren Brände dort eine Rarität. Doch seit der Ankunft der ersten Siedler vor rund 50 000 Jahren gerieten Feuer nicht nur immer wieder außer Kontrolle, sie wurden sogar ganz gezielt eingesetzt, um die Landschaft zugunsten der Menschen zu verändern. Abgebrannter Busch wurde übersichtlicher und ließ sich leichter bejagen. Nicht nur die Vegetation, sondern auch die Tierwelt passte sich dieser Praxis an.

Bis zu **1200** *Grad Celsius Hitze entwickelt ein großer Brand*

Die Feuervögel

So sengen auf dem fünften Kontinent drei Greifvogelarten selber, wie etwa der Schwarzmilan: Er kann zwar nicht aktiv Feuer machen, aber durch den Transport glimmender Holzstücke weitere Brände entfachen. An deren Rändern patrouilliert er anschließend auf der Suche nach aufgescheuchtem Getier.

Weil unsere Vorfahren schon seit rund 1,5 Millionen Jahren rund um den Globus zündeln, ist eine strikte Trennung zwischen natürlichen Feuern und Brandstiftung kaum noch möglich. Gehört der Mensch nicht auch zur Natur, zumindest bis zum Beginn des Ackerbaus, als wir begannen, ganze Landschaften umzubauen?

Für Australien lässt sich dies bejahen, für Kanadas Westküste nicht. Auch hier toben regelmäßig riesige Brände, auch hier wird dem gezielten, kleineren Feuer das Wort geredet. Doch in diesen Urwäldern gibt es kaum brennbares Material am Boden. Die Bäume schaffen sich ihr eigenes, feuchtes Lokalklima, in dem Humus und dicke, tote Stämme als Wasserspeicher eine große Rolle spielen.

Wenn Forstwirtschaft allerdings massiv eingreift, ändert sich die Lage: Sie produziert große Kahlschläge und lässt dann die Reste, tonnenweise Äste und Kronenteile, schutzlos in der Sonne trocknen. Da wundert die Zunahme an brennbarem Material nicht. Ein Funke: Schon lodern ganze Bergmassive auf. Ein untrügliches Zeichen für unnatürliche Waldbrände ist es, wenn die Bäume komplett verbrennen.

Das ist ein Ereignis, was in dem oft 1000-jährigen Baumleben sicherlich nicht eingeplant ist. Wir sollten also daran arbeiten, Wälder wieder so zu stärken, dass in ihnen Flammen keine Chance haben. In Mitteleuropa bedeutet dies die Abkehr von leicht brennbaren Nadelplantagen und die Hinwendung zu stabilen, feuchten Laubwäldern.

Warum der Wald *für unsere Zukunft* so wichtig ist

Im neuen Heft, ab 18. September 2020

Bäume verdunsten riesige Wassermengen und kühlen dadurch merklich die Umgebung

Alte Wälder leisten einen enormen Beitrag zum Klimaschutz!

Dank ausgeklügelter Sinne vermögen Fledermäuse in völliger Finsternis auf Jagd zu gehen

Wave-Watching: Wer mit geübtem Blick aufs Wasser schaut, kann Erstaunliches aus Wellen herauslesen

Spechte schlagen ihren Schnabel bis zu 20 Mal in der Sekunde gegen hartes Holz. Warum bekommen sie keine Kopfschmerzen?

Land der Alleen: Von Rügen bis zum Bodensee säumen teils uralte Bäume unsere Straßen. Wo liegen die schönsten Abschnitte?

Flechten sind so etwas wie botanische Athleten: Sie siedeln in der Wüstenhitze wie in klirrender Kälte. Wie schaffen sie

Im Herbst brechen Kraniche zu einem faszinierenden Zug gen Süden auf – manche fliegen Tausende Kilometer bis nach Afrika

Die Wölfe fühlen sich wieder heimisch in Deutschland. Ein Grund zur Sorge?

Mehr als

80

km/h schnell können Kraniche fliegen

Vorsicht, giftig: Der Biss der Wasserspitzmaus endet für manches Tier tödlich

Weitere Themen im nächsten Heft:

Schnecken: Vom Erfolg der Langsamkeit

Samen: Wenn Pflanzen auf Reisen gehen

Naturschutz: Wie es gelingt, Moore zu retten

Abenteuer

Auf in die Natur! Autorin Katja Trippel entpuppt sich bei einem Survival-Training im Harz als Überlebenskünstlerin und findet Gefallen an gebratenen Heuschrecken

Harz betört Menschen seit jeher – etwa als Räuchermittel, Rauschsubstanz oder Beigabe zu Weinen und Parfums